公共空间设计系列教程

室内环境表现与表达

+ 表达篇

顾逊　主编
张瑞峰　王楠　高巍　编著

上海人民美术出版社

中国的设计教育起步于上个世纪80年代，当时少有的设计专业一直沿袭前苏联的绘画教育模式来培养学生。在国门开放之后，似乎瞬间就发生了改变，尤以照搬"包豪斯"设计教育思想为代表，在模仿、消化、交流中提升自身办学能力，从开始接受国外的先进教育模式，到各个学院、学校都在摸索，逐步开始形成自己的系统教学体系，慢慢形成了完整的教育理念和专业细化的各类专业教材。自己是这段过程的亲历者，处处感受到了设计教育在迅速成长：从满怀理想到市场迷茫，从青春少年到霜染双鬓。

我们的设计教育不断在扩军，以前所未有的步伐在大踏步地往前行进，从南到北，从文到理。设计人才为社会的发展作出了贡献，我们的设计专业甚至成为企业创新和振兴地方经济的发展战略，日趋受到社会的重视和认可。经济的飞速发展，给设计专业的学子提供了施展的舞台，但同时也提出了更高的要求，如何才能适应变化的市场要求，一贯制的人才培养模式严重制约了设计创意产业发展的广度和深度，当下的设计教育与飞速发展的市场已经脱节，显然已经落伍。对应求"变"和求"新"是各个专业院系现在思考的重点，检验着教育团队的反应能力，否则将会被淘汰。变是对策，会带来教育新意。变是动态的和自由的，变还应是科学的，变的追求体现在教学的每个阶段，包括我们选用的教材，教学的形式和教学的方式。

"公共空间"课目的设计与研究是环境艺术专业的主修课程。与其相关联的课目如材料、工艺、表现、表达、设计等等，是学生了解设计形成专业素养之关键。我们对这些知识重新进行整合，编写了一套专业课程系列教材，目的在于使学生掌握准确的设计理念、设计创新的思维方法和包括计划、调研、分析、创意、表现、表达以及评价在内的整个设计程序、方法与表达。

本套系列教材是我们环艺教学团队所为，他们是年轻的设计先行者、体验者、教育者，总结了多年从事设计教学与实践的经验，力图打造一套具有实用性、示范性、独创性、前瞻性的室内设计专业教材。在参阅国内外相关教材和成功的设计案例的基础上编写而成，有些是教学过程中的心得，内容和形式呈现出与众不同的活力。全套书重点强调的是实践教学环节和鲜活的设计个案，最大的变化是强调在设计中感受理论，让学生主动接受设计中的困难，然后寻找知识的重点和要点。"设计篇"一改传统教材先理论后实践的模式，避免教学中先讲课后作业的传统习惯，而是从欣赏开始，从训练切入，这样有利于提高学生兴趣，能够更好地理解和掌握相关内容。"表达篇"提升了传统教材仅仅是效果图的表现方法和电脑效果图的表现技术，这里表达的内容重点是让图"说话"，以及"说话"的形式和"说话"的技巧。"建构篇"区别于以往教材的枯燥，强调直观、生动、示意、趣味，让学生不到施工现场也同样能体会到很多相关信息。

希望这套教材的出版既是我们室内设计教学的汇报，同时又能够适应时代的需求，为推动本专业教材的创新起到"抛砖引玉"的作用。

顾逊

2013年10月

序　言
FOREWORD

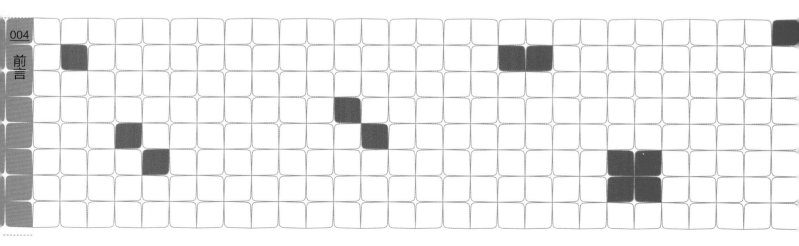

室内环境设计是一种众议性的、整合性的、数据性的思维与表达活动。借由设计表现与表达来达到设计沟通的模式，也是设计者和设计团队完成思维转化的方式方法与必要条件。本书旨在探讨设计者在设计过程中如何应用混合媒介呈现可视化数据的方法与技巧，使设计学习者能够了解室内环境表现与表达的阶段性应用技巧。

室内环境设计行业按设计阶段划分往往有以下几个层面：概念方案阶段、方案设计阶段、施工图设计阶段、设计变更及现场服务阶段。对于不同的设计阶段，从设计到表现、表达都应突出不同的重点；对于有经验的设计师来说，会根据阶段在设计中采用恰当的表现与表达方式，以达到较好的设计效果。本书编著的主要目的就是根据设计的不同阶段提出室内设计表现与表达的适合方式，使设计者能够准确、清晰、高效地完成每个设计阶段的表现与表达。

随着与国际交流的不断深入，学校教育在自身经验和引进先进的课程设置基础上，大多数设计院校在课程设置上都有设计表现与表达这类课程，其目的是让学生通过设计的表现技法来完成思维的再现过程，这也是学生学习室内环境设计的重要课程，但学校却往往忽略了设计综合表达能力的培养，课程安排的内容是片断性的、不完整的，学生在毕业时仍未见到和完成过完整的设计表现与表达内容，特别是施工图设计表现与表达部分，学生们更没有真正意义地将自己的设计内容全面地表达出来。正确认识培养目标、教学目的和课程要求，对于教和学两方面都是至关重要的，我们所设置的教学内容是根据当下室内环境设计工程实践要求并围绕学生的专业知识和专业能力培养展开的。教学方式采用根据室内环境设计施工内容和多年教学经验所研发的多元化、递进式教学模式，重在培养学生对室内环境设计表现与表达的完整认知能力和阶段式、多样化表现与表达方法的训练。对此，本书更加注重室内环境设计与设计表现、表达的关系，更加注重用人单位对毕业生和应聘设计师的实践能力要求，更加注重设计表现与表达的完整性培养；希望借助我们团队的教学经验给学习者一些切实有效的建议，使其了解完整的设计表现与表达内容，并从中找到适合自己的学习途径。

本书的设计表现与表达课程重点不仅在于对学生绘图技术上的培养，更加注重在室内环境设计表现与表达过程的整体性、连通性、完整性、思辨性、方法性的学习与总结，解决学生在各设计阶段的概念、要求、难点、策略的问题。结合学生个人的能力，如观察、记忆、思维、阅读等能力，培养学生在设计过程中各阶段的表现与表达特色。设计表现与表达是检验设计思维过程和结果的重要依据，完整完善的设计表现与表达是设计成功的前提条件，也是成功设计的必然结果。本书每章结尾还设立了学生问答环节和作业内容，通过每章最后设定的这部分内容给学生一定的课后思考和针对性训练，使学生能够更好地理解授课内容，完善自我能力。最后希望本书能为您的设计提供有效的帮助。

张瑞峰

2013年10月

目 录
CONTENT

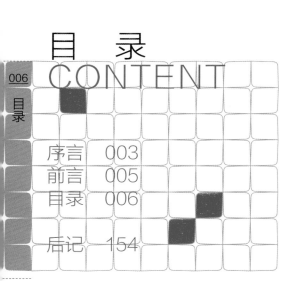

环境艺术设计是一种将艺术类美学要素与技术类科学要素有机融合的人类创造性行为。这种创造性的行为就是设计师将有目的的思维活动，经过精心的计划和构思，以一定的方法、手段及程序，传达给他人，从而创造出舒适、合理的室内外环境。这种设计的过程实质上就是设计师将自己的思维外化的过程，即表达的过程。

由于设计表达对设计过程以及设计目标实现方面的不可或缺性，以及设计表达方式对设计进程的潜在影响，使它们成为值得我们探索和创新的课题。随着新时代的到来，人们对表达的理解水平日益提高，这就促使设计师重新审视自己在设计表达方式与手段方面的选择。设计师可以根据设计阶段的特点及需要，便捷地选择最优的表达方式展现创意及构思，促进设计思维的完善，并得到有效的交流，最终提升环境艺术设计的整体质量。

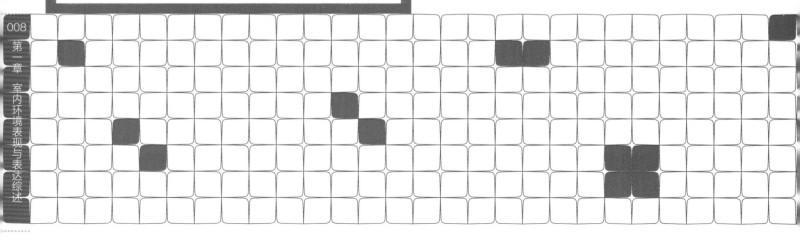

第一章　室内环境表现与表达综述

1. 室内环境表现与设计表达
2. 室内环境设计表现的形式
3. 室内环境设计表现与表达
   的发展历程与未来趋势

/ 问题与解答
/ 教学关注点
/ 训练课题
/ 参阅资料

第一节

室内环境表现与设计表达

/ 设计表达的概念
/ 设计表达的特点
/ 室内环境设计表现与表达的工作流程

室内环境设计是一个综合性学科，涉及到的学科、参于工作的人群都会不同。从设计开始到设计完成是一个遵循一定的步骤与方法的过程，这其中涉及到不同的人的沟通、交流，为设计提供意见与参考，这必然需要进行设计沟通。设计师需要将设计信息进行表达，让参与设计沟通的人可以清晰地明白设计师的意图，这就需要设计师使用适当的表达方式与方法。本节将讲解设计表达的概念、特点以及设计的程序与设计表达的关系。

一、设计表达的概念

室内环境设计表现与表达是一个综合的系统，其系统的功能就是将设计的信息与设计意图进行传递，在整个设计沟通中起到重要的作用，为设计的最后实施起到桥梁作用。整个设计的表现与表达过程是一个遵循一定程序、方法的科学过程。学好设计表现与表达对于设计项目的推动作用是显而易见的。在本节中，我们将对这个设计沟通的表现与表达系统的构成内容、工作原理、具体的实行方法及步骤进行详细的讲述。

整个设计的沟通由设计信息的发出者、设计信息的接受者、沟通的设计内容、方式与整个沟通环境的组成贯穿。整个沟通的过程，是一个互动的、相互影响的过程。在进行设计之前，首先要制定完整的设计日程安排，然后将工作科学地进行分配，确定每次的沟通对象、沟通的时间、具体内容，以便明确每次沟通的目的、内容、形式以及沟通环境的建立。

设计的表现与表达只是手段而非设计的最终目的，其解决的目的只是有效地传递设计信息。设计的最终目的是解决实际问题和创造适合的空间形式与功能。本书正是基于这样的认识来研究设计表达。从表达内容上看，包括设计的从无到有的各个阶段的设计信息以及设计信息的可感知转化；从表达方式上讲，包含多感官的信息感知。

二、设计表达的特点

（一）设计沟通对象的变化性

在整个设计沟通中，设计信息的传递对象也是在不断发生变化的。在设计的初期，设计信息的发出者是设计委托方。通过设计委托或者设计招标的形式进行，将项目的背景、功能需求等要求与限制条件进行说明。在设计分析与设计构思阶段中，设计沟通存在于设计机构的组成人员中，也存在于与设计委托方的沟通中。在设计定案与设计实施过程中，沟通的对象也会发生变化。设计方与施工方和设计委托方会坐下来对施工方案进行沟通与商定。施工的过程，也是变化的过程，由于环境和条件的变化，甚至于设计委托方的主意的改变而引起的设计方案的变化，同样会导致设计信息在这三者之间传递。所以说在整个项目进行的各个环节中，沟通对象都会因为阶段的变化产生变化。

（二）设计信息的多样性

由于设计表达的综合性特点，其内容不仅仅是视觉因素，同样包括其他的设计内容，例如整个项目的方案的概念性，其空间的组织形式与关系，界面的造型变化与样式，材料的使用与施工工艺等。其不同设计内容的表达方式的选择也比较宽泛，凡是能够有效地将思维意念"物化"的行为都可认为是表达的行为，只要能够将设计信息传达得清晰、准确，就可以视为合格的表达方式，而不是一定需要单一的模式化的固定的表达方式。这些不同的设计信息的多样性使得整个项目变得丰满。然而同样是因为设计信息的多样性导致设计的表现与表达在方式和途径上有多种选择的余地。

（三）设计表达途径的多样性与发展变化

由于内容的多样性导致表达的多样性。每一种内容实际上都有多种表现方法，使用的工具也会不尽相同。在社会发展到信息社会的今天，我们的设计工具同样发生着剧烈的变化。例如在将设计信息可视化的过程中，我们可以使用徒手绘制的方法，在纸面进行绘制，也可以使用手写板在电脑显示屏幕进行绘制与着色，也可以使用三维软件进行建模、渲染等，制作出光影效果逼真的模拟效果图。上面的方法与手段都是实现相同目的的不同途径。所以随着科技与时代的进步，设计内容的表现与表达会变得更加方便和充满变化。我们在从业的时候，必须要把握时代进步的脉搏，不能因为工具的进步而被落后。同样的，在设计表现与表达的途径与工具选择上不能一味地追求新鲜，而是需要选择适当的方式与方法进行适当的、适度的表达。

（四）设计表现与表达的系统性

在环境艺术设计表达中，系统性是指导设计师正确表达设计意图的基本原则。无论设计本身的规模大小，它的设计过程和表达文件都是应该系统完整的。成果表达要具有系统性，就要明确设计的意图和设计所要求的内容及相关因素，如设计的所有组成要素、水暖电、结构等相关专业都会对设计产生不同的影响。在设计和表达的过程中，不能盲目地为了追求某些艺术效果，而忽略了设计的系统性，要按照正确的设计步骤和程序，抓好各个阶段的设计环节，使用正确的方法，系统、全面地表达设计要求的文件内容，才能更加形象地表达设计师的构思意图和设计最终的效果。

三、室内环境设计表现与表达
   的工作流程

从设计分析、设计目标的建立，到构思草案阶段，再到设计最终结果的表达，这是按时间的顺序计划安排设计进度的科学方法，这一方法被称为设计流程。

通过这一流程，我们可以了解设计创造性思维的开发和设计思维表达方法的相互影响、相互促进的关系。同时，设计流程所体现的设计思维创意过程不能被理解为单一的线性过程，而是螺旋形前进的非线性循环过程。一个创意被表达出来以后，设计师总能在此基础上得到修正意见，然后再创意，再表达，再修正，如此循环往复，直到越来越接近设计的最终目标。

室内设计在过程上可以分为四个阶段，在这四个阶段的前后过程中都需要进行沟通，所以可以大致分为五次沟通（见图1-1）。
四个阶段为：
1. 概念设计；
2. 方案设计；
3. 施工图设计；
4. 设计变更。
五次沟通的内容分别为：
1. 项目立项与设计初期阶段；
2. 设计分析与概念设计阶段；
3. 空间组织结构与界面设计阶段；
4. 设计实施阶段；
5. 设计反馈与设计变更阶段。

以上的设计行为与阶段构成整个设计过程。在每个设计阶段都会有不同的设计内容，这些设计内容设计师会用设计语言进行室内设计，但是客户却并不能很好地理解设计的意图，必须要进行转化，将设计信息转化成客户可以看懂的形式，以避免在沟通中产生理解上的偏差。

设计中每个阶段都有区别，设计内容有区别，所以沟通的内容就会有差别。每一次沟通的内容不一样，沟通的对象不一样，沟通的方式不一样，沟通的场所不一样，沟通的行为过程也会有差别。我们需要清楚地了解设计的各个阶段的设计内容，同样地根据对象双方的变化沟通，在进行设计沟通的时候会因

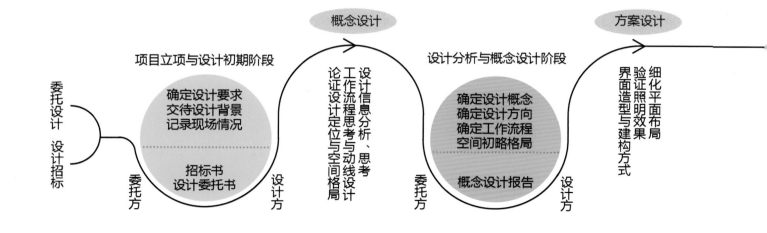

图1-1 设计过程中各阶段与设计表达的内容

为对象的变化将沟通的行为、场所、过程进行有针对性的调整与设计，以便针对紧接下来的设计沟通内容、对象、载体与场所选择合适的表达媒介。

设计方需要注意个人形象、行为举止以及关注客户行为与宗教习惯，选择合适的着装、表情、语调与语速，尽可能让客户容易接受，这样才能够提高沟通的成功率，为后续的设计工作提供有用的、有效的沟通信息，对该设计项目产生很好的推动作用。

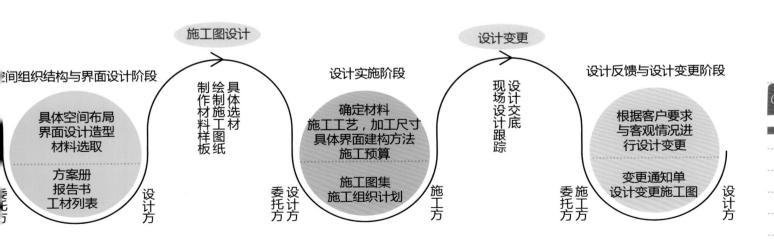

1. 设计立项与设计初期阶段

设计立项主要可以分为两种情况：一种是设计委托，由委托方向设计方发出设计委托邀请，在设计方接受邀请后进行设计立项，开始设计；第二种情况是设计招标，由发标单位进行设计招标，符合条件的设计单位进行设计投标，从而建立设计立项。在设计立项后，开始的工作内容是对设计要求等信息进行收集、归纳、理解，为设计项目进行准备。

本阶段就是通过各种方式对现场的客观现状进行记录、归纳（见图1-2）。通过文字、图表、草图或其他的设计表达，掌握第一手资料，为后期设计的顺利展开做好铺垫。找出与设计主题相关联的所有信息。按范围分类，本阶段又可分为三个部分。

一是交流记录，在与设计委托方的接触与沟通中进行详尽的记录，很多的设计要求信息不一定是由委托方明确提出的，作为设计方需要对资料进行解读，不仅仅是表面的信息，还有一些客户没有表达出来的隐藏信息。这就需要足够的理解力。这里包括理与解两个

层面：理也就是规则、道理；解指能力，包括信息的采集和处理能力、对知识的敏感度和领悟力、智力学习和推理的能力、抽象或深刻思维的能力等。设计师无时无刻不被庞杂的信息、关系和事件包围，理解能力的强弱，直接关系到哪部分信息可以被内化成为知识、价值观和行为准则。理解力的缺乏会隔绝周边的信息、关系和事件与设计的联系，同时也会丧失对创造力的触发。

二是实地观察与记录，到项目现场进行相关的实地信息的记录。因为设计委托方在提供资料的时候，其提供的设计信息可能不完整，需要现场信息的实地考察。通过文字、草图图形或其他的设计表达手段忠实记录、描绘设计现场的客观现状，掌握第一手资料，为后期设计的顺利展开做准备。记录的内容有：地形、地貌、形体、层数、入口（位置、方向）、流线（对外人流、内部人流、货流）、交通（车流）、采光、通风、朝向等信息。在这个过程中可以使用广角相机、摄像机等影像设备。先进的设备会使得记录变得更加

容易。同样的，便携的手机也可以方便地记录一些信息，在常用的安卓和苹果的系统中，现在有很多的连屏软件甚至是全角度的照相软件，可以帮助我们记录现场的实际情况。利用先进的工具是时代进步的体现，使用便捷高效的工具会很大地提高实地记录的效率。

三是相关资料收集。配合设计现状的调查分析，组织收集相关的图片、文字、背景资料，在尽可能的情况下，罗列与设计主题相关的各种可能的设计趋向，找到尽可能多的设计切入点。资料的反复比较、研究将对最终的设计结果产生重要影响。在设计立项时通过考察、资料搜集，对设计对象所在区域的竞争对手或者相似项目进行考察、资料记录，这会使设计的针对性更强。搜集相关资料的方法不只是局限于实地考察，还有网络调研等。在设计资料整理的过程中要有条理、分层次地进行归纳，以使用方便为前提。在设计的过程中以便于查询、检索为目标，为将要开展的设计搜集到更多的素材和资料。

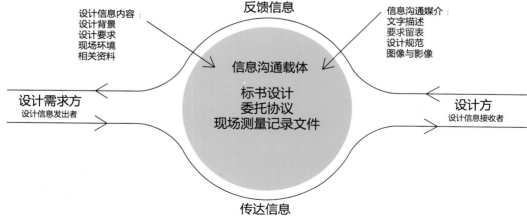

沟通目的：项目介绍与相关设计资料记录、搜集、整理

图1-2 设计立项与设计初期在沟通中的设计内容、媒介转化与载体

2. 设计分析与概念设计阶段

这个阶段包括设计分析阶段、设计构思阶段与概念提出阶段三个部分（见图 1-3）。

（1）设计分析阶段

设计的目的是为了解决现存的问题，设计分析过程就在于找出与设计主题相关联的所有问题，分析和把握问题的构成，并按其范围进行分类，初步提出解决问题的可能途径。针对空间的定位（甲方要求）同时将空间的功能按照模块进行划分，形成相对科学的工作流程，然后按照功能模块的需求进行大致的空间组织，对于功能分区间的基本关系进行分析，形成大致的空间布局和视觉化图表，为后续工作提供帮助。

（2）设计构思阶段

在设计分析结果的基础上，充分发挥设计师的创造力和想象力，进行设计思考，对分析阶段提出的问题给出初步的构思方案。在大体的空间格局形成的情况下，对单个功能空间的位置和方向进行思考，形成空间格局的草案，这种方案应越多越好，以对最后正式方案的形成留有充分的选择余地。用寥寥数笔勾勒一个总体构思。对所有的与设计相关的信息予以关注。这一阶段并不是设计的深入，而是给出设计的框架和方向，为设计的深入创造充分的发挥空间，通过大量的概念性草图以明确设计者的最终设计意图。然后在多个初步草图中选择一个进行深入设计，不断对整体和局部进行推敲和对比，全面反复推敲设计构思。结合分析阶段的诸多设计限定因素，对概念性草案所明确的设计切入点进行深入，对关乎设计最终结果的形式、结构、色彩、材料、功能、风格、经济投入等问题给出具体的解决方案。无疑，这一阶段是设计过程中最重要的内容，它是对设计师职业素质、艺术修养、设计能力的全面考查，所有的设计结果将在这一阶段初步呈现。出色的设计思维表达能力将是该阶段顺利进行的重要保障，决定了设计的最终成败。在与业主充分交换意见并得到确认后，对多个设计草案进行反复的论证，找出最终接近设计目标的优选方案。检查各个设计环节无误后，就可以确定最终的设计方向。

（3）概念提出阶段

接下来结合分析得出的定位需求，与文化融合，满足风格类型定位、客户需求层次等深入的问题，形成大致的设计方向。结合上述的分析思考的结论形成系统、整体的概念设计报告，与客户进行概念设计的沟通，为整个设计打下基础。

这是概念设计的过程，通过设计表达形成设计思考的记录过程。设计者在设计过程中往往面临两个沟通的阶段。第一即是将自己在机能、美感和含义中的理念，明确地表示出来以便提供个人继续修正和发展之用，就是透过一些表达形式，将自己的理念表示清楚给自己看，作为自我沟通之用。这是属于自我沟通的范畴。第二是将自我沟通的暂时成果，拿来和其他设计者、顾问以及业主做双向和多向的意见交换。属于群体沟通的范畴。

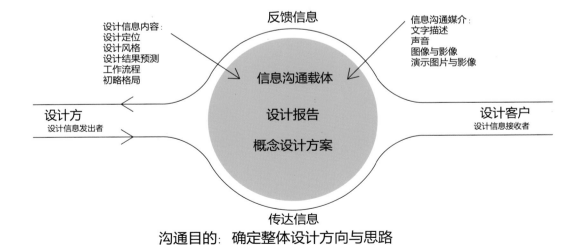

图 1-3 设计分析与概念设计阶段在沟通中的设计内容、媒介转化与载体

3. 方案设计阶段：空间结构与界面设计

在完成概念设计后，设计进入下一个阶段，就是空间结构和墙体位置的设计，在这之前需要对空间的尺度和形式进行深入的研究分析，最后在多个平面布置方案中确定最佳的、科学的平面布置方案，为空间各界面的设计创造物质条件（见图1-4）。

在界面的设计中需要对各个界面的空间结构、尺寸、使用材料与结构进行深入设计。主要进行以下设计：平面设计、立面设计、建构结构设计以及材料的使用与工艺。

（1）平面设计：根据设计项目的内容和功能使用要求，结合自然条件、经济、技术条件（包括材料、结构、设备、施工）等，来确定房间的尺寸，确定房间与房间之间、室内与室外之间的分隔与联系方式和平面布局，使建筑物的平面组合满足实用、经济、美观和结构合理的要求。

（2）立面设计：根据建筑物的性质和内容，结合材料、结构、周围环境特点以及艺术表现要求，综合地考虑建筑物内部的空间形象，外部的体形组合、立面构图以及材料质感、色彩的处理等，使建筑物的形式与内容统一，创造良好的建筑艺术形象，以满足人们的审美要求。

（3）剖面设计：根据功能和使用方面对立体空间的要求，结合建筑结构和构造特点来确定房间各部分高度和空间比例；考虑垂直方向空间的组合和利用；选择适当的剖面形式，进行垂直交通和采光、通风等方面的设计，使建筑物立体空间关系符合功能、艺术和技术、经济的要求。

经过上述的设计过程最终形成下面的文件：平面设计图（包括地面和天花）、材料铺置图、立面设计图、视觉效果图（透视图或者轴测图），透视图主要表现多个视图综合性的大型空间和大范围的建筑形体的组合关系。轴测图全面反映综合性的大型空间和大范围的建筑形体的组合关系，构成阶段以计算机生成的轴测图最为常见。可以使用徒手绘制、软件绘制、软件渲染模拟生成，甚至可以把手绘与软件结合形成更加新颖的表现形式。也可以制作模型与空间环境的模拟视频进行设计论证。最后确定设计方案，与客户进行沟通后形成设计定案，为设计的实施做准备。

方案设计成果表达阶段总体上体现为一种结果性特征，是对构思阶段思维表达的提高和深化，也是对其进行技术性处理和艺术性加工后的产物。此阶段的表达要表现出较强的艺术性、科学性及系统性。具体地讲，方案设计成果完善是指方案构思确定后，对其尺寸、细部及各种技术问题做最后的调整，使设计意象充分地"物化"，并以多种方式表现出来。由于方案设计文件的表达重点在于设计的基本构思及其独创性，因此方案设计文件应以建筑室内空间环境及总平面设计图纸为主，辅以各专业的简要设计说明和投资估算。与施工图设计文件相比，其文件表达的内容更具侧重性，文件表达的手段灵活多样。

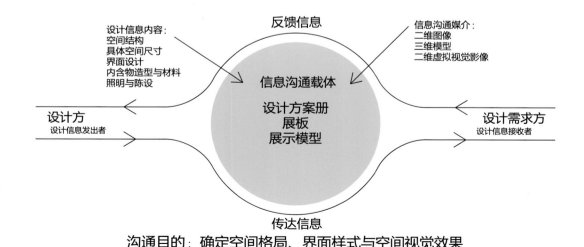

图 1-4 方案设计阶段在沟通中的设计内容、媒介转化与载体

4. 设计实施阶段

室内设计到了这个阶段,设计基本已经完成。需要通过设计实施完成设计。施工方、设计方与设计委托方需要通过准确的、系统的图纸明确具体实施中尺寸、结构、建构工艺的细节问题,也需要对选材、类型、施工过程的组织情况以及施工的组织安排进行沟通,根据最终的沟通结果,由设计方出具整套的施工图,将设计者的设计意图准确无误地传达给业主和施工单位(见图1-5)。

施工图集包括方案设计阶段的平面图、立面图、剖面图、局部节点与大样图,同时附加效果图、轴测图等,以及之后的建筑、结构、水、暖、电等各专业施工图,还有工程概预算等。图集中平面图主要表达各功能空间或形体的大小、相互关系、相对位置等。

在充分了解设计意图后,施工方根据施工图纸进行施工,在施工过程中需要对具体的情况进行记录,为施工完成后制作竣工图做资料准备。

5. 设计反馈、修正阶段

在方案的实施过程中,要求设计实施始终与施工过程同步,随时解决所遇到的实际问题,及时修正、弥补设计方案的不足和缺陷,保证工程的顺利进行。设计过程至此基本完成(见图1-6)。

在施工过程中会出现因为设计委托方主意的改变或者现场情况的变化而产生设计变更的情况。设计变更仅包含由于设计工作本身的漏项、错误或其他原因而修改、补充原设计的技术资料。设计变更是工程变更的一部分内容,因而它也关系到进度、质量和投资控制。所以加强设计变更的管理,对规范各参与单位的行为,确保工程质量和工期,控制工程造价都具有十分重要的意义。

设计变更应尽量提前,变更发生得越早损失越小,反之就越大。如在设计阶段变更,则只需修改图纸,其他费用尚未发生,损失有限;如果在采购阶段变更,不仅需要修改图纸,而且设备、材料还需重新采购;若在

施工阶段变更,除上述费用外,已施工的工程还须拆除,势必造成重大变更损失。所以要加强设计变更管理,严格控制设计变更,尽可能把设计变更控制在设计阶段初期,特别是对工程造价影响较大的设计变更,要先算账后变更。严禁通过设计变更扩大建设规模、增加建设内容、提高建设标准,应使工程造价在有效控制范围内。

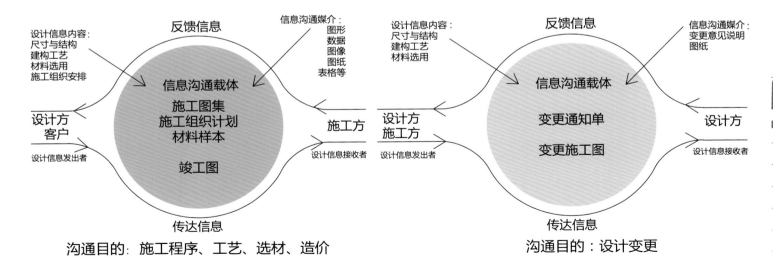

图 1-5 设计实施过程阶段的设计内容、媒介转化与载体　　　　图1-6 设计变更阶段中的设计内容、媒介转化与载体

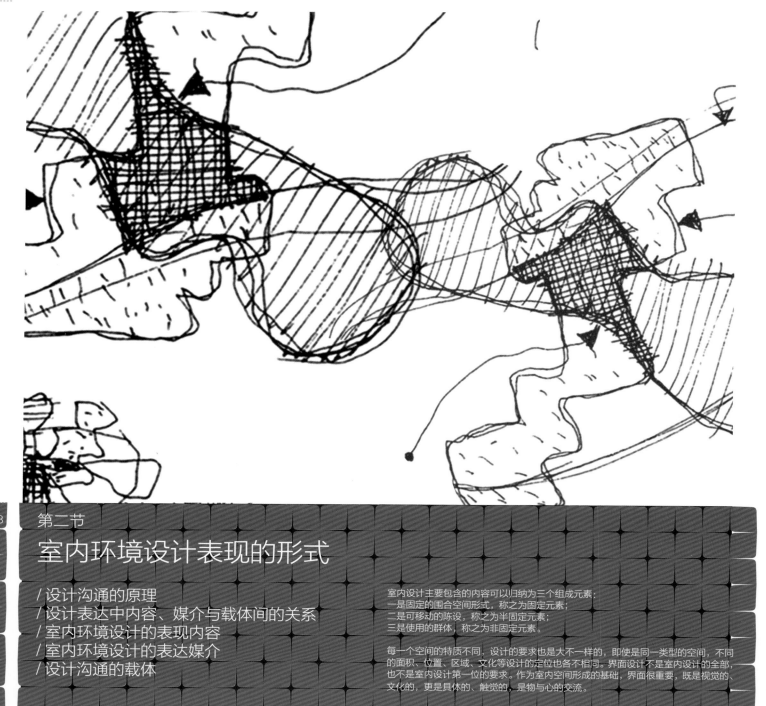

第二节

室内环境设计表现的形式

/ 设计沟通的原理
/ 设计表达中内容、媒介与载体间的关系
/ 室内环境设计的表现内容
/ 室内环境设计的表达媒介
/ 设计沟通的载体

室内设计主要包含的内容可以归纳为三个组成元素：
一是固定的围合空间形式，称之为固定元素；
二是可移动的陈设，称之为半固定元素；
三是使用的群体，称之为非固定元素。

每一个空间的特质不同，设计的要求也是大不一样的，即使是同一类型的空间，不同的面积、位置、区域、文化等设计的定位也各不相同。界面设计不是室内设计的全部，也不是室内设计第一位的要求。作为室内空间形成的基础，界面很重要，既是视觉的、文化的，更是具体的、触觉的，是物与心的交流。

一、设计沟通的原理

我们在进行设计的过程中需要与不同的对象进行沟通。沟通的过程就是设计信息的传递过程。在设计的不同阶段，设计的内容是不同的，被沟通的对象不是全部都经过设计学习的。这个时候设计信息的发出方与接收方在设计信息的传递过程中出现偏差，或者接受信息的人误解了对方发出的信息，就会造成设计方向的偏离，会极大地影响设计的进度，并造成资源浪费。所以在设计的沟通过程中，设计信息的发出方需将设计信息转化成对方能够理解的表达方式来进行沟通，这是比较理想的状况。设计信息的发出者先对设计信息进行编码，通过一定的传达媒体进行沟通，设计信息的接收者对着其进行解码，开始接受设计信息。这是一个信息传递的过程（见图1-7）。同一种信息的表达方式有很多，如何选择表达的方式也是很重要的。

首先说明一下信息传递的过程。信息在传递过程中首先要保证准确性。例如设计师为业主设计了一个衣帽间，其中间的过道宽度为1.2米，对业主说"我给你设计的衣帽间的'空间够大'"，而业主将"够大"理解为至少是2米以上，这时就会产生误会。假如施工完成了，业主就会认为施工存有问题，

这时就会产生纠纷。如果在沟通的时候设计师直接说数字的话，业主就会有明确的感知，会提出自己的意见，从而避免误会的发生。

那么如何进行这种转换呢，这就需要对设计的信息进行分析，从而得到合适的方式将设计信息进行合适的表达，至于表现效果的好坏就需要根据沟通结果来判定了。

首先说一下设计的内容。室内环境设计是一个复杂的设计信息集合体。包括整体空间的文化内涵注入、工作流程、动线分析与空间组织形式设计、界面的建构与形式设计、内部的设施与陈设、与其他设备系统的配合与合作等等，这里细分包含的内容多种多样，有设计理念、空间结构、尺度与尺寸、材质与色彩、建构工艺、造型与形状等具体内容。在设计的表现与表达中需要将这些设计内容转化成对方容易接受的方式。

主要的使用方法就是让信息的接收方从感官接触的角度尽量多地接收到近乎完整的设计信息，把设计信息进行可感知化的转换。人体的感知器官不外乎视觉、听觉、触觉、

嗅觉与行为感知。这里最重要的是视觉感知。有句俗话说得好："眼见为实，耳听为虚。"说的就是这个道理。就像我们读一段优美的文字与看一张美丽的画面的感知结果是不一样的。因为人的受教育程度和人生经历的不同，对于同一个形容词的感受或想象的结果是不一样的。这就会造成传达上的偏差。

传达原有共同与共通的意思，是在信息发出者与信息接收者之间建立共同性或者一致性的过程，是和他人共同进行的双向行为。成功的信息传达需要建立在信息发出者与接收者对传达媒介的共同认知基础上。两者的认知范围的交集区域的大小是成功传达的关键。交集越大表示双方的认知越相似，信息的传达就会越成功（见图1-8）。

图1-7 沟通原理中信息转化的过程

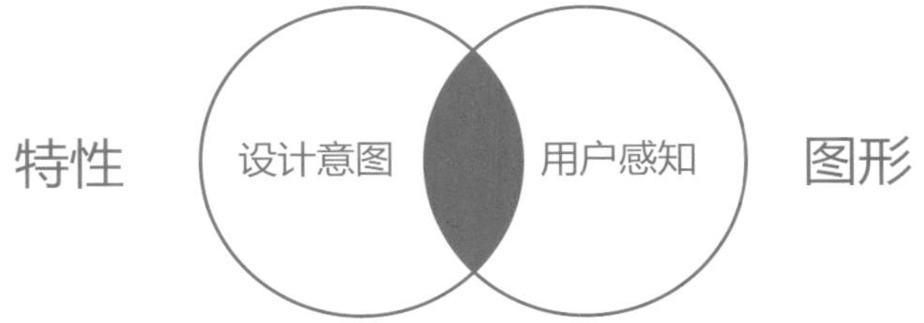

图1-8 设计者意图与用户感知图形的交集为沟通成功区域

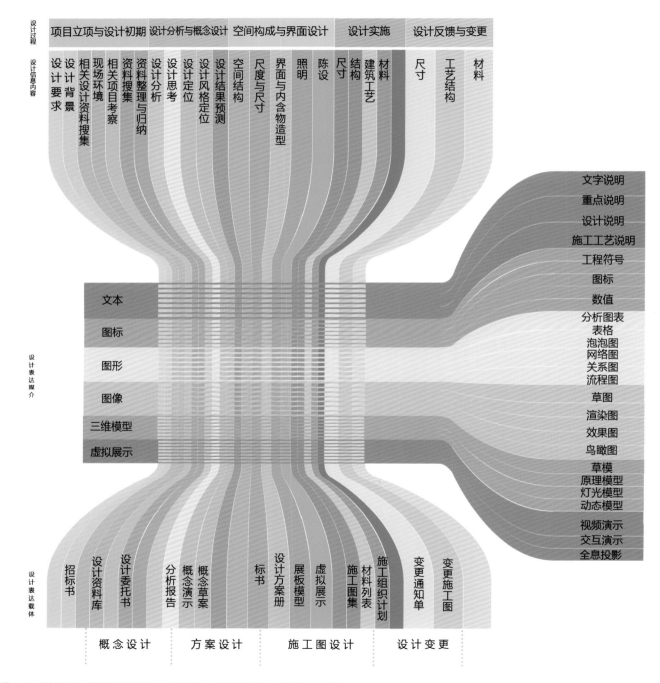

图 1-9 设计过程中各阶段不同的设计内容进行媒介转化最终形成交流载体的过程

二、设计表达中内容、媒介与载体间的关系

设计的表现与表达是一个设计信息传达的过程，这个过程中间有多个因素，有设计信息的发出者与接收者，有设计沟通进行的场所，需要沟通的设计信息、沟通信息的载体等。通常可以将设计沟通的因素分为：沟通对象、沟通内容、沟通媒介、沟通载体、沟通行为、沟通场所。这里使用关系图对整个室内设计表现与表达的过程中的设计过程、设计信息内容、设计表达媒介、设计表达载体及设计表达的设计工作阶段的关系进行表述（见图1-9）。

设计沟通的过程中最重要的三个部分是沟通内容、沟通媒介与沟通载体。这三个部分分别是设计师的设计内容，将内容用合适的媒介进行表达，再将表达的结果进行整合形成沟通用的文本，用于沟通对象间的设计沟通使用。

设计师进行设计的内容在设计过程中使用的是设计语言，客户对这种专业的信息的理解能力有限，所以设计师需要将设计信息，也就是沟通的内容进行转化，将设计语言转变成图解语言。设计师对设计表达手段的选择应根据交流对象的特点不同而加以区别，设计师在选择交流工具时应意识到与他人的交流并不只是表达自己的设计意图，而是建立一种能相互自由交换意见的对话关系。当面对的交流对象是非专业人员时，用一种业主所不理解的设计语言进行交流，可能就会使对方产生误解。因此，在选择表达手段时要根据交流对象的不同，选择能够促进双方更好理解的交流方式，进行更好的沟通。但是单独图解语言的信息承载量是有限的，综合地使用不同的媒介可以将丰富的、整体的设计信息进行多角度的、全方位的传达，这样就形成了沟通的载体。沟通的载体可以是单独地分析图表、效果图、图纸等。这些内容将在不同的设计阶段有不同的内容组合，设计单位也需要将设计结果制作成为文件，以实物载体进行设计沟通。所以如何将设计内容进行转化，以何种方式，使用什么媒介进行信息的传达就成了核心的问题。掌握好这部分内容对整个设计的表现与表达有着极其重要的作用（见图1-10）。

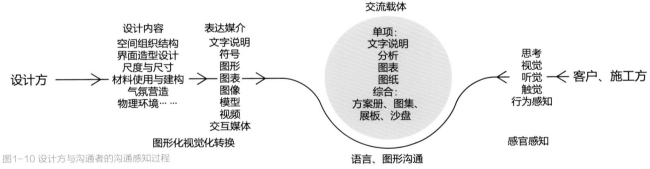

图1-10 设计方与沟通者的沟通感知过程

表1-1各种表达媒介的特点、空间媒介与感知方式

表达媒介	传达信息	空间媒介	感知方式	效果	特点
文字	内容	平面	听觉、视觉	一般	易产生歧义或者误解
数字	尺寸、投影	2D	视觉	准确	乏味
公式	逻辑关系	2D	视觉	准确	乏味
图形	形状、比例	2D	视觉	准确	形象，但易产生歧义
图表	结构关系、时空关系	2D	视觉	准确	形象、易懂
图像	空间尺度、造型、材质、光影、比例	2D+V2D	视觉	准确	形象、易懂
模型	比例、尺寸、尺度、模材质、光影	3D、V3D	视觉、触觉	准确	更形象，可触摸
视频、影像	立体信息与动态信息	4D(立体＋时间)	视觉	准确	感知更加立体
交互媒体	立体信息、动态信息与反馈信息	5D(立体＋时间＋行为)	视觉、触觉、行为	准确	最完整感知

三、室内环境设计的表现内容

在室内环境设计的工作中，要求对一系列的内容进行设计，这些内容大概可以分为几种类型：设计信息有定性信息、定量信息、结构信息等不同种类型的信息内容。设计信息的转换过程中需要有具体的要求。

对于定性的设计信息需要用模拟的方式进行表现。如浪漫的感觉，这种信息没有具体的指标，让客户感知的程度取决于信息模拟方式的感知效果。对于定量的设计信息就需要使用数字化的方式进行信息的传递，例如室内的空间尺寸。这种信息有着明确的数值要求，所以采用代表准确性的数量表达的方式就会显得很适合。还有结构信息，在室内环境设计中的空间组织结构等就是这种类型的信息。可以通过图形化的表达方式将这种信息进行适当的表达，会出现比较好的效果。

下面着重讲述一下室内设计的内容。室内设计是指为满足一定的建造目的（包括人们对它的使用功能的要求、对它的视觉感受的要求）而进行的准备工作，对现有的建筑物内部空间进行深加工的增值准备工作。目的是为了让具体的物质材料在技术、经济等方面，在可行性的有限条件下形成能够成为合格产品的准备工作。需要工程技术上的知识，也需要艺术上的理论和技能。室内设计是从建筑设计中的装饰部分演变出来的。它是对建筑物内部环境的再创造。室内设计可以分为公共建筑空间和居家两大类别。当我们提到室内设计时，还会提到动线、空间、色彩、照明、功能等等相关的重要术语。室内设计泛指能够实际在室内建立的任何相关物件，包括：墙、窗户、窗帘、门、表面处理、材质、灯光、空调、水电、环境控制系统、视听设备、家具与装饰品的规划。具体内容包括下面三个方面：

1. 室内空间组织和界面处理（结构信息与定量信息）

室内设计的空间组织，包括平面布置，首先需要对原有建筑设计的意图充分理解，对建筑物的总体布局、功能分析、人流动向以及结构体系等有深入的了解，在室内设计时对室内空间和平面布置予以完善、调整或再创造。室内空间组织和平面布置，也必然包括对室内空间各界面围合方式的设计。室内界面处理，是指对室内空间的各个围合——地面、墙面、隔断、平顶等各界面的使用功能和特点的分析，界面的形状、图形线脚、肌理构成的设计，以及界面和结构的连接构造、界面和风、水、电等管线设施的协调配合等方面的设计。室内空间组织和界面处理，是确定室内环境基本形体和线形的设计内容，设计时以物质功能和精神功能为依据，考虑相关的客观环境因素和主观的身心感受。

2. 室内光照、色彩设计和材质选用（定性信息与定量信息）

"正是由于有了光，才使人眼能够分清不同的建筑形体和细部"，光照是人们对外界视觉感受的前提。室内光照是指室内环境的天然采光和人工照明，光照除了能满足正常的工作生活环境的采光、照明要求外，光照和光影效果还能有效地起到烘托室内环境气氛的作用。色彩是室内设计中最为生动、最为活跃的因素，室内色彩往往给人们留下室内环境的第一印象。色彩最具表现力，通过人们的视觉感受产生生理、心理和类似物理的效应，形成丰富的联想、深刻的寓意和象征。光和色不能分离，除了色光以外，色彩还必须依附于界面、家具、室内织物、绿化等物体。室内色彩设计需要根据建筑物的性格、室内使用性质、工作活动特点、停留时间长短等因素，确定室内主色调，选择适当的色彩配

置。材料质地的选用是室内设计中直接关系到实用效果和经济效益的重要环节。饰面材料的选用，同时具有满足使用功能和人们身心感受这两方面的要求，例如坚硬、平整的花岗石地面，平滑、精巧的镜面饰面，轻柔、细软的室内纺织品，以及自然、亲切的本质面材等等。设计中的形、色，最终必须和所选"载体"——材质，这一物质构成相统一，在光照下，室内的形、色、质融为一体，赋予人们以综合的视觉心理感受。

3. 室内内含物——家具、陈设、灯具、绿化等的设计和选用（定性信息与结构信息）

家具、陈设、灯具、绿化等室内设计的内容，相对地可以脱离界面布置于室内空间里，在室内环境中，实用和观赏的作用都极为突出，通常它们都处于视觉中显著的位置，家具还直接与人体相接触，感受距离最为接近。家具、陈设、灯具、绿化等对烘托室内环境气氛，形成室内设计风格等方面起到举足轻重的作用。室内绿化具有不能替代的特殊作用，具有改革室内小气候和吸附粉尘的功能，更为主要的是，室内绿化能使室内环境生机勃勃，带来自然气息，令人赏心悦目，柔化室内人工环境，在高节奏的现代社会生活中具有协调人们心理平衡的作用。

上述室内设计内容所列的三个方面，是一个有机联系的整体：光、色、形体让人们能综合地感受室内环境，光照下界面和家具等是色彩和造型的依托"载体"，灯具、陈设又必须和空间尺度、界面风格相协调。这里面有定性信息内容、定量信息内容、结构信息内容，在选择相对应的表达媒体的时候就需要掌握其中的规律，将内容进行充分表达。

四、室内环境设计的表达媒介

媒介指的是信息传递的中介物、工具或技术手段，设计表达的媒介是设计师将设计信息进行传递的形式，不同类型的设计信息使用不同类型的媒介。媒介的选择是设计师面临的最大挑战，是在设计思维发展的不同阶段明智地选择恰当的表达方式，因为我们在选用表达手段时考虑成熟与否，以及所采用方式的适宜度，将在很大程度上影响我们交流的质量，也同样影响设计能否获得最终的实现。不同的表达媒介对其传达的信息，使用的空间媒介、信息接收者的感知方式、效果与特点见表1-1。

不同类型的信息内容需要使用不同的沟通媒介。如要将空间结构清楚明显地表达出来，可使用图形化的表达媒介，如透视图、平面图、立面图、剖面图及模型等适宜的形式，但如需表达造价与跨度的关系这种定量的信息内容，则可采用数值这种方式。

在设计的不同阶段，所采用的信息媒介会有所不同。在概念立意阶段，需要使用个人化、抽象化、思维性图像等媒介；在方案构思阶段，会使用象征、符号化、公众化、概念性图像等媒介；在方案确立阶段，需要使用具体、认知的、公众性、表现图等媒介。

设计者选择表达媒介的原因包括内在与外在之因素，外在之因素包括接受者之要求，例如业主希望以模型或计算机视觉仿真说明，以及时间或成本之限制。内在之因素包括三项：表达的目的与内容；表达形式的适合性；设计者的表达能力。设计者往往同时受内在与外在之因素之影响。表达媒介有如设计者沟通之表达工具。认识越多有效的工具种类及适当的使用方法，必然会有好的沟通效果。

其功能特性可针对设计沟通主题的性质的不同，而采用不同的形式发挥所长。

同时也可以将媒介进行组合使用，这样的表达效果可能会更加具有准确性，有利于设计沟通的进行，使客户容易了解设计信息并理解设计师的思想，对推动设计的进程和成功有着重要的作用。

表达的媒介分为文字、数值、公式类媒介，图形媒介，图表媒介，图像媒介，立体媒介，动态媒介，虚拟媒介与交互媒介等几种不同的形式。其具体的种类、表达内容、具体表达内容与类型、典型表达方式及原理的相互关系见表1-2。

表1-2 表达媒介的种类、表达内容与具体表现方式及表达原理

媒介类型	媒介名称	具体表达内容与类型	典型表现方式	原理
平面媒介	文字	定性信息	片段文字描述	感性联想
			重点式文字描述	
	数字	定量信息	尺寸值等	数值
	公式	结构信息	程序或公式化逻辑叙述	结构关系
	图形与符号	结构信息	投影图纸，如平面图、立面图、轴测图等	结构关系与数值
			形状图形，圆形、三角形	数学关系
			概括符号，如箭头、索引号等	数学关系
	图表	定性信息与结构信息	时序性图表，如工作流程图	结构关系
			空间关系性图表，如泡泡图	
			推导关系性图表，如原理图	
			系统组织图表，如结构关系图	
			关联性图表，如分析图	
	图像	定性信息	抽象草图	感性联想
			细化草图	
			渲染图	
			照片	
立体媒介	真实模型	定量信息与结构信息	灯光模型、室内模型等	感性体验
动态媒介	动态模型	定量信息与结构信息	动态模型	感性体验
	动态影像	定量信息与结构信息	视频、动画	感性体验
虚拟媒介	虚拟显示	定量信息与结构信息	全息投影、虚拟现实	感性体验
交互媒介	交互演示模型	定量信息与结构信息	计算机视觉仿真	感性体验

1. 文字、数字、公式

文字： 是典型的定性信息的表达媒介，其内容没有明确的界定，需要读者以感性的角度进行感知，文字的注释是从确定性的角度对可能产生歧义的图示进行解释，以便确定识别性，达到准确的说明效果。文字的描述性质较强，具连续性，可直接快速记录。

例如：

能不能整理一些资料，关于金属与玻璃、石材搭配的实例提供给业主参考……

特点：较像口语式表达，说明想法快速、自然、方便。

数字： 是定量信息表达的代表，可以以准确的数值描述数量、高度等定量信息。通常与名词、单位等文字联合使用。

例如：324 毫米，数量 48 个等。

公式： 是典型的结构信息的表达媒介，是由文字和数字以及符号组成的表现结构关系的表达方式。用于逻辑关系的运算、推演。具有强烈的理论性、关系性。是说明关系、运算、推演之有力形式。

例如

a. 造型＝型态＋机能＋结构＋关系

b.Design(t1,t1(t11...),t2,.)

c.if(Function1)thendesign1

2. 图形（矢量图）

指描画出物体的轮廓、形状或外部的界限，由外部轮廓线条构成的矢量图。图形是指由点、线、面以及三维空间所表示的几何图。图形表现是通过对创意的中心的深刻思考和系统分析，充分发挥想象思维和创造力，将想象、意念形象化、视觉化。

符号： 是事物的概括，从视觉图形的角度表述需要说明的内容。图形的应用就表现在符号与图纸的上面，图样由图形、符号、文字和数字等组成，是表达设计意图和制造要求以及交流经验的技术文件，常被称为工程界的语言。图形的运用最直观地表现为投影图形、轴测图形以及图表中的符号。

投影图形： 是清楚、精准、明确的设计图，可以清楚地表达设计中的尺寸关系。是从二维关系的空间进行研究思考，同样可以表达环境尺度或建筑尺度之空间、机能、比例、尺度等常用形式。主要有平面图、立面图、剖面图、节点图、大样图等。在下面对各种投影图形构成的图纸进行讲解。

平面图： 主要表达各功能空间或形体的大小、相互关系、相对位置等。平面图有几种，如总平面图、分层平面图和吊顶平面图等。室内平面图则主要表示室内环境要素，如家具、陈设、装修地面、墙面、柱面、顶棚、绿化等。室内平面图的范围，以房间内部为主。一般不表示室外的东西，如台阶、散水、明沟与雨篷等。平面图的主要表达内容有：

1)房间的平面结构形式、形状及长宽尺寸；

2)门窗位置、平面尺寸，开启方向及尺寸；

3)室内家具、陈设平面布置的具体位置；

4)不同地面标高、形式，如分格与图案等；

5)表示剖面位置及剖视方向的剖面符号及编号或立面指向符号；

6)详图索引符号；

7)各房间的名称、面积、家具数量及指标；

8)图名与比例及各部分的尺寸。

立面图： 主要表达各功能空间或形体的内部或外部的垂直面造型和空间形体的相对前后关系。立面图主要表明除建筑结构之外各个部位的材料形状，房屋的长、宽、高的尺寸，屋顶的形式，门窗洞口的位置，墙身等。

剖面图： 主要表明建筑物内部在高度方面的情况，如屋顶的坡度、楼房的分层和层高、房间和门窗各部分的高度、楼板的厚度等，同时也可以表示出建筑物所采用的结构形式。剖（立）面图是用假想的竖直平面剖切房屋，移去靠近观察者的部分，对剩余部分按正投影原理绘制正投影图。剖（立）面图应包括被垂直剖切面剖到的部分，也应包括虽然未剖到，但能看到的部分，如门、窗、家具、设备与陈设等。剖切面的位置应该有代表性，并能够最好地反映物体和室内空间中复杂、典型的结构。

节点图： 是两个以上装饰面的汇交点，是把在立面图当中无法表示清楚的某一个部分单独拿出来进行具体构造的表达，一种表明构造细部的图。

大样图： 是某些形状特殊、开孔或连接较复杂的零件或节点，在整体图中不便表达清楚时，可移出另画大样图。

轴测图形： 轴测图是一种单面投影图，在一个投影面上能同时反映出物体三个坐标面的形状，并接近于人们的视觉习惯，形象、逼真，富有立体感。但是轴测图一般不能反映出物体各表面的实形，因而度量性差，同时作图较复杂。因此，在工程上常把轴测图作为辅助图样，来说明室内空间的结构、安装、使用等情况，在设计中，用轴测图帮助构思、想象物体的形状，以弥补正投影图的不足。轴测图是一种具有美感的三维表示法，并始终扮演着传递设计思想的角色，它可以在一张视图中描述长、宽和高之间的关系，并能够保持要描绘对象的物理属性，精确地表示出三维的比例。经适当的渲染还能给二维的图像以一种生动形象的空间距离感。其最大的优势是它构图的灵活、多样性以及在同一幅图中表达多种信息的能力。设计师只要选择不同的视点或强调不同的设计元素就能根据相同的平、立、剖面图绘制出具有不同侧重点的三维视图。

轴测图的类型：

（1）根据视点的不同可将轴测图分为：正轴测图、立面斜轴测图、平面轴测图、斜二轴测图、斜三轴测图等。

（2）根据轴测图表现的侧重点不同分为：分解轴测图、透明轴测图、组装与解体轴测图、分割轴测图、多视点轴测组合图等。

3. 图表（关系图）

信息是可读可视化的复合体系，是典型的结构类型信息的表达媒介，是由图形、图像、文字、数字结合而成的综合表现形式。可视化的图表使得信息可以高效地交流。图表可以帮助人们通过视觉元素系统、快速、简单、直接、连贯地建立关联，使得信息元素间的数据系统组织模式结构得到呈现。

图表主要由空间类、时间类、定量类或者综合类，通过参数的变化，再运用视觉元素表达连贯完整的信息整体。常见的图表参数有时间信息、距离信息、对象的物理特征（面积与温度）和抽象因素（影响、规模）等。主参数的设置要符合人们认知与理解，例如时间、距离、面积等，使其具有连续性和稳定性，贯穿图表。副参数是提供观察角度或者展示某种规律。两者的结合作用使得图表的功能得以实现。

图表表达的特性归纳起来有如下几点：首先具有表达的准确性，对所示事物的内容、性质或数量等处的表达应该准确无误。第二是信息表达的可读性，即在图表认识中应该通俗易懂，尤其是用于大众传达的图表。第三是图表设计的艺术性，图表是通过视觉的传递来完成的，必须考虑到人们的欣赏习惯和审美情趣，这也是区别于文字表达的艺术特性。

图表常见的形式有：
（1）时序性图表：以时间信息为基础，描述空间或事件在空间上的先后变化，以时间轴图为代表。例如流程图、网络图。

（2）空间关系图表：将空间位置的距离、高度、面积、区域按照一定的比例，高度抽象化的空间组织模型图。常见的有地图、导视图与物品结构图。例如格子图。

（3）推导性图表：描述事件的因果关系或者逻辑变化情况，常见有流程图。例如分析图。

（4）系统组织性图表：描述信息参数间整体与部分或上下级的从属关系图。例如泡泡图。

（5）关联性图表：描述某种特定关系下信息参数间的联系图。如分析图。

（6）表格：将相关信息进行横纵向的罗列，具有相关分析、比较的特性。整齐排列、讯息清楚，可以清楚地整理归纳。表格化可把相关讯息集中处理。统计计量比较迅速。

4. 图像媒介

图像是在二维空间中的一种定性的、形象化的意图表现形式。可认为是设计表达中的"形象语言"，也可以理解为我们所说的像素图，是由色彩不同的点组成的。图像可以突出设计的"重点"与"亮点"，有助于人们更直观地交流及识别设计意图，判断设计师要表达、传递的信息及感受设计的最终效果。其表达手段也具有多样性，徒手绘制、计算机制作、修改都是图像制作的方式。

表达媒介中图像带来真实感的原因是使用透视与阴影的原理，通过透视与光影变化的描绘，使得图像更加符合人的观察视角与空间的光影的客观结果。透视与阴影，光与色的变化规律，空间形态比例的判定，构图的均衡，绘图材料与工具的选择和使用等也都具有科学性。所以无论是起稿、作图或者对光影、色彩的处理，都必须遵从制图学和色彩学的基本规律与规范。比如在室内环境设计中，对空间的比例、尺度的把握，在立体造型、材料质感、灯光色彩、绿化及人物点缀等方面的合理运用上，都应该首先符合科学的制图要求，再加以设计师个人的艺术处理，不能随心所欲地脱离实际尺寸而改变空间的限定，或者违背客观的设计内容而主观片面地追求某种"艺术趣味"；更要准确地理解设计意图，将设计原有的气氛效果充分地表达出来。

图像表现主要有以下几种形式：

概念草图：设计思考的初期探索、发展、尝试的呈现。使用不确定地尝试涂改，重复痕迹。尝试将设计构想的不确定、变数大、不断尝试的特点进行视觉化的呈现，是寻找理想方案的重要手段。

细化草图：较抽象草图能清楚地呈现设计构想，仍具探索、反复修改的特性。图像的意义较明确化，已能对外说明设计构想，是针对确定的设计方向进行设计细化工作的手段，在平面介质上进行视觉化的尝试与论证，以便形成最终方案的细节。

照片修改：照片具有很强的真实的客观记录能力，在设计过程中可以在照片文件上直接进行修改与描绘，进行设计工作。采用复制、拼贴、改变原记录事物功能，具有多广度使用特质。可记录环境、拍摄模型进行拼贴、改造背景等，也可借由摄影剪贴的技术辅助模型的仿真环境制作等。

渲染图：是视觉化、立体化的设计表现。将物体的透视、明暗关系等进行描绘，使得表现效果更加精致全面、完整深入，通常使用透视的方式增加空间的立体感。透视画法可以在二维的画面上塑造出具有空间、形态、色彩、光影和气氛效果的真实场景，与轴测图相比它可以更加逼真，可像照片一样将眼睛观察到的物体在空间复制出来，并显示出物体、空间和材料之间的关系，营造出"身临其境"的感受。可分析思考讨论建筑元素之相互关系，如空间、造型、构造等。同时使用光影透视进行光环境的描述，使得空间更加真实可信，运用色彩表现材质，可以使用手绘的方式、计算机软件的方式或者两者结合，最终达到方案视觉效果最佳化，并以此作为设计过程结果的最终表达方式。

5. 立体媒介

立体媒介是在三维的空间中使用物质材料进行加工，将实物的表面特征进行描述，将物体的空间形态进行研究与展示的一种表达媒介。模型或缩小的实体模型都属于这个范畴，具有真实的空间感受。在设计初期研究室内空间物体的造型、体量、材料或细部构件等功用或最后呈现完成的建筑物，表达三维空间的临场感或是展现空间关系等。在设计成果表达阶段，立体媒介主要分为下面几种形式：室内模型、照明模型、细部模型等类型。

室内模型：是为了暴露并解决空间上、功能上和视觉上的问题而制作的，并且最终把自身证明和表现给他人看。当在人眼的高度观察它时，人的视线被吸引到内部空间景观而不是一个笼统的空间框架，让人们对建筑内部空间有一种身临其境的感觉。

照明模型：是室内模型的一种特殊种类。用它来预测艺术展览及博物馆这类对光线要求较为敏感的空间所采取的自然光及人工照明的效果。为了更准确地帮助预测室内的光环境气氛，照明模型要加入精心的细部表现、色彩的策划及表面完美的效果。

细部模型：在表达性模型阶段，细节模型是为了解决主要结构和形式的个别问题而制作的。它主要涵盖结构的交点和连接性、空间和外观局部、装饰物和摆设。

6. 动态媒介

动态媒体主要是指活动影像或者可以根据时间的变化而变化的立体媒介。可以理解为视频与动态模型。动态媒介可以分为视频影像与动态模型两种。

视频：通常是由活动图像与音频文件组成，这样会更加生动地表现设计内容。视频可以真实地动态记录景物的形式，利用可保存的声音、影像表现真实环境感受。也可以使用三维软件进行建模、渲染、设置动画参数，最终渲染成视频文件的方式进行室内空间的详细描述，这种动态媒介也可以用在环境记录分析、感受室内空间多角度视角上。

动态模型：是使用物质材料在真实空间制作的，可以描述物体动态变化的模型。针对室内设计中的活动界面以及物品移动的变化需求，将其造型特点与移动效果进行展示的表达媒介。

7. 虚拟媒介

虚拟媒介也可以叫虚拟现实，是进入信息时代后的一种表达媒介，在虚拟的空间内将室内设计内容进行表现的一种媒介，这种表达媒介使得表现的内容通过人的多个感官进行物体感知，可自由旋转及各种视角都可动态观察。可仿真人视点进行动态体验。

这种表达媒介具有多感知性与临场感：多感知是指除了一般计算机技术所具有的视觉感知之外，还有听觉感知、力觉感知、触觉感知、运动感知，甚至包括味觉感知、嗅觉感知等。理想的虚拟现实技术应该具有一切人所具有的感知功能。由于相关技术，特别是传感技术的限制，目前虚拟现实技术所具有的感知功能仅限于视觉、听觉、力觉、触觉、运动等几种。临场感，指用户感到作为主角存在于模拟环境中的真实程度。理想的模拟环境应该使用户难以分辨真假，使用户全身心地投入到计算机创建的三维虚拟环境中，该环境中的一切看上去是真的，听上去是真的，动起来是真的，甚至闻起来、尝起来等一切感觉都是真的，如同在现实世界中的感觉。

8. 交互媒介

交互媒体是通过交互行为并以多种感官来呈现信息，受众不仅可以看得到、听得到，还可以触摸到、感觉到、闻到，而且还可以与之相互作用，与虚拟媒介的区别是虚拟媒介的信息传递是单向的，没有反馈，而交互媒介则是双向的沟通媒介。它带给人们全新的体验，是一种崭新的媒介形式。

随着信息技术的广泛应用，人们借助电脑外围输入设备以及与相应的软件配合就可以实现人机交互的功能。交互媒介向着多通道、多感官自然式交互的方向发展。用户对模拟环境内物体的可操作程度和从环境得到反馈的自然程度（包括实时性）越来越高。用户可以用手去直接抓取模拟环境中虚拟的物体，并可以感觉物体的重量，视野中被抓的物体也能立刻随着手的移动而移动。

一般来说，一个完整的虚拟现实系统由虚拟环境，以高性能计算机为核心的虚拟环境处理器，以头盔显示器为核心的视觉系统，以语音识别、声音合成与声音定位为核心的听觉系统，以方位跟踪器、数据手套和数据衣为主体的身体方位姿态跟踪设备，以及味觉、嗅觉、触觉与力觉反馈系统等功能单元构成。

五、设计沟通的载体

多数情况下，在进行设计沟通的时候，需要一个桥梁，也就是沟通信息的载体。设计单位对客户或者沟通对象把设计方案以设计文本的形式进行交流。这种情况下更要求表达得准确和真实。严格地说，设计表达应该没有虚假的地方，需要真实可靠。为了确保设计表达的真实可靠，要求设计师按照科学的态度对待表达中的每一个环节。

常见载体有以下几种：
1. 设计报告书
2. 展板
3. 设计方案册
4. 施工图集
5. 施工变更通知单
6. 投标书

1. 设计报告书

设计报告书是对某一设计项目进行介绍、分析、策划和构想的文字总结。其内容实质是设计项目在设计过程中，对设计知识应用和实际经验总结的综合反映。其内容、使用媒介、传达的设计信息的列表见表1-3。

一、项目概述
1. 题目
2. 市场定位分析
3. 设计依据
4. 项目特点
5. 项目设计意义
二、项目设计过程
1. 素材搜集整理
2. 设计定位
设计区段图并配文字说明（以图表或平面布局图等方式标出各空间联系的科学性、必要性。）
3. 创意说明
4. 手绘草图表现
5. 效果图表现
6. 工具材料描述
7. 绘制过程描述
8. 成果展示
三、项目总结
描述创作感受、优势与不足

2. 展板

展板是室内设计常用的一种设计结果的展示载体，一般在宣传、展示时使用，由文字、照片、图形、版式等组成。展板适用于演示空间较大的交流场所，例如答辩现场、设计展览、成果汇报等场所。多使用喷绘机喷绘在照片纸、背胶纸上等，表面覆膜，粘在硬质的背板上。在展示场所以悬挂或者摆放的方式进行信息传递，主要在室内使用。因此，在设计上要根据不同产品、人群、使用时间场合来决定设计风格，才能起到设计最初的作用。其内容、使用媒介、传达的设计信息的列表见表1-4。

标准展板就是一种具有国际标准尺寸（990系列）的会议展板，起源于德国，现已在全球范围内得到广泛的使用。标准尺寸通常为：1m×2.5m（展板）、3m×3m（标准展位），小型展板尺寸通常为0.9m×1.2m。

由于展板的尺寸较大，上面的信息承载量就比较大，所以版式设计很重要，不能使得展板看起来凌乱、没有秩序感，同时展板一般会多个使用或者以一个系列出现，所以要考虑其整体性和系统性。

表 1-3 设计报告书中的内容、使用媒介与设计信息

内容	使用媒介	设计信息
设计概述	文字媒介	题目、定位、设计依据、特点与意义
项目设计过程	图形、图表、图像、图纸等	设计定位与创意说明、草图与定案效果图、材料说明、最终演示效果
项目总结	文字说明	创作感受、优势与不足

表 1-4 展板中的内容、使用媒介与设计信息

内容	使用媒介	设计信息
设计说明	文字媒介	设计内容、思想
主要空间布局	投影图形、数字、文字说明	空间组织关系与子空间的形状、尺寸
主要立面	投影图形、数字、文字说明	界面的造型材料与制作工艺
空间透视图	图像	空间透视效果、材质表现、光影效果

3. 设计方案册

方案册是一套整体的系统的设计的说明文件。其内容包括设计说明、材料说明、主要空间的布局、主要界面（天花与地面）的样式以及最终视觉效果。其内容、使用媒介、传达的设计信息的列表见表1-5。

对于整个设计项目的设计思想、文脉、概念进行说明、陈述，让客户对设计有充分的思想认识。再通过主要界面的样式（平面图、天花图）对空间的格局、空间组织关系、工作流程有一个明确的认识。通过效果图的形式，让客户从不同的视角（整体空间、鸟瞰图、用户视角）进行空间完成后的预测，让其在图面可以感知空间的尺寸、比例关系、界面的处理样式、使用的状态以及内部的家具放置情况、陈设的情况以及显现的光影效果，让客户有直观的感受。在视觉感受（效果图）部分要注重视觉效果的准确性及反映情况的真实性，不要过于夸张与独特，可以在多个视角进行组合，让客户有全面的认识，最后再结合材料样板使其感知更加充分。

另外整个方案册的版面设计，也要进行充分的思考，以增强视觉冲击力，获得更好的效果。

设计内容+页面版式设计（单页版式+目录）+装订方式与包装方式

方案设计成果表达阶段的总体体现为一种结果性特征，是对构思阶段思维表达的提高和深化，并且是对其进行技术性处理和艺术性加工后的产物。此阶段的表达要表现出较强的艺术性、科学性及系统性。具体地讲，方案设计成果完善是指方案构思确定后，对其尺寸、细部及各种技术问题做最后的调整，使设计意象充分地"物化"，并以多种方式表现出来。由于方案设计文件的表达重点在于设计的基本构思及其独创性，因此方案设计文件应以建筑室内空间环境及总平面设计图纸为主，辅以各专业的简要设计说明和投资估算。与施工图设计文件相比，其文件表达的内容更具侧重性，文件表达的手段灵活多样。

方案设计成果文件的四个基本要素为：

1. 设计说明书
2. 设计图纸
3. 表现图
4. 投资估算

此外设计师可根据项目及业主的需要来增加如分析图、动画、模型、幻灯片等其他表达方式。

表 1-5 方案册中的内容、使用媒介与设计信息

内容	使用媒介	设计信息
设计说明	文字媒介	设计思想、文脉、概念
材料说明	样本与文字说明	使用材质
空间布局，尺寸	图纸	空间组织关系、空间尺寸
主要界面样式、尺寸、材料	图形、数值	界面类型
空间视觉效果	图像	尺度、空间感受、光影、材质、内含物使用状态与气氛

4. 施工图集

设计图纸要全面反映设计的各项成果，通过平面图、剖(立)面图、顶棚平面图及详图等技术性图纸的表达，使人们对设计有全面的认识与了解。平、剖(立)面图是从多个视角反映物体的特征，即对设计方案片段分解，但这些视图还需借助人们综合的思考将分解的片段组合成一个整体。因此只有将这些视图结合使用，才能准确地描述空间和实体元素。从某种意义上说方案设计图纸又是对设计方案定量的"描述"，使其更准确地按适当的比例表现物体、空间及建筑物，因而其具有很强的实用性及工程图特征。其内容、使用媒介、传达的设计信息的列表见表1-6。

施工图集主要由以下部分组成：设计说明、图纸目录、平面图、立面图、剖(立)面图、节点图与大样图、材料样板。

其中文字说明可应用于任何设计图纸中，它的作用主要是：在方案设计表达时，当遇到不能通过图示语言直接表达的特征和信息时，可以借助文字进行补充说明，来给客户提供更详细的信息。如房间的用途、地面或装修的材质、色彩等。文字说明的使用可以使交流简洁明快，但值得注意的是文字要保持简练，不要打乱图纸的整体布局、图纸（会在后面的章节有详细的讲解）。需要注意的事项：在对已经绘制在建筑设计工程图中，与室内设计无密切关系的内容则无须重复反映和绘制。根据这一思路，在室内方案设计图中无须重复标注门窗编号和洞口尺寸；无须表示墙、楼板、地面的具体构造；无须表示墙内的烟道与通风道；无须表示室外台阶、坡道、散水与明沟等；在一般情况下，也无须重复绘制和标注所有的轴线和CAD节点图轴线号。

5. 施工变更单

设计变更是工程施工过程中保证设计和施工质量，完善工程设计，纠正设计错误以及满足现场条件变化而进行的设计修改工作。一般包括由原设计单位出具的设计变更通知单和由施工单位征得由原设计单位同意的设计变更联络单两种。其内容、使用媒介、传达的设计信息的列表见表1-7。

如果想进行设计变更，首先要清楚进行变更的目的和变更后成本会发生什么变化，然后再找设计师办理设计变更手续，设计师会根据变更提出方的变更要求，设计相应的施工图纸，并列出变更费用的清单，交给监理或工程经理去具体实施。

通常设计变更单的内容有工程名称、设计编号、主送单位、抄送单位、变更单编号、日期、变更原因与变更内容、设计单位图章、设计师签字、审核人签字、日期。

设计变更和现场签证管理工作既是施工阶段一项日常性、常规性工作，同时又是一项系统性、专业性较强的工作，它贯穿于整个施

表 1-6 施工图集中的内容、使用媒介与设计信息

内容	使用媒介	设计信息
设计说明	文字媒介	设计内容、思想
材质列表	图片、图表	材质使用部位与数量
图纸目录	表格	图纸装帧的空间关系
图纸(平、立、剖、节点、大样)	投影图形、数字、文字说明	空间尺寸、立面造型尺寸、材料使用情况与建构工艺说明

表 1-7 施工变更单中的内容、使用媒介与设计信息

内容	使用媒介	设计信息
设计项目信息	文字媒介	工程的名称、设计编号等
变更内容与原因	文字说明	变更产生的原因、解决的办法
变更图纸	图纸	变更后的施工要求、建构工艺与尺寸
签注栏	签字	设计者与审核者信息

工阶段全过程。设计变更和现场签证管理工作，不仅影响到工程质量的好坏、工程进度的快慢，而且影响到工程投资的多少，是施工阶段控制工程投资的重要工作，也是考核工程建设成败的重要因素。

6. 投标书

投标书是指投标单位按照招标书的条件和要求，向招标单位提交的报价并填具标单的文书。它要求密封后邮寄或派专人送到招标单位，故又称标函。它是投标单位在充分领会招标文件，进行现场实地考察和调查的基础上所编制的投标文书，是对招标公告提出的要求的响应和承诺，并同时提出具体的标价及有关事项来竞争中标。其内容、使用媒介、传达的设计信息的列表见表1-8。

投标书的内容是根据招标书的内容而定的，通常招标书的内容涵盖：
（1）招标公告（或投标邀请书）
（2）投标人须知
（3）评标办法
（4）合同条款及格式
（5）工程量清单
（6）图纸
（7）技术标准和要求
（8）投标文件格式
（9）投标人须知前附表规定的其他材料（招标人根据项目具体特点来判定，投标人须知前附表中载明需要补充的其他材料）

表 1-8 投标书中的内容、使用媒介与设计信息

内容	使用媒介	设计信息
招标公告	文字媒介	根据招标书内容进行如实填写
投标人须知	文字媒介	
评标方法	文字媒介	
合同条款与格式	文字媒介	
工程量清单	图表、表格	
图纸	投影图形、数字、文字说明	
技术标准与要求	图表、文字说明	
投标文件格式	文字说明	
投标人须知附表		

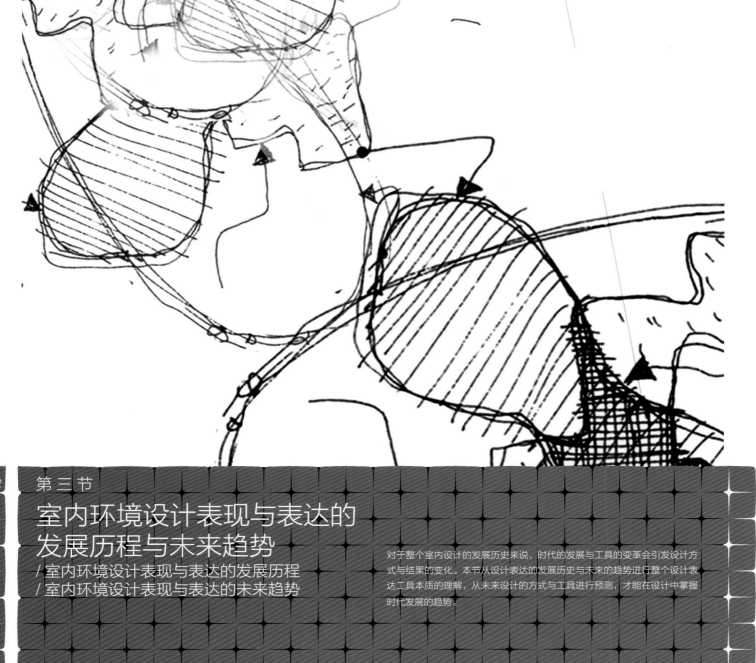

第三节

室内环境设计表现与表达的
发展历程与未来趋势
/ 室内环境设计表现与表达的发展历程
/ 室内环境设计表现与表达的未来趋势

对于整个室内设计的发展历史来说，时代的发展与工具的变革会引发设计方式与结果的变化。本节从设计表达的发展历史与未来的趋势进行整个设计表达工具本质的理解，从未来设计的方式与工具进行预测，才能在设计中掌握时代发展的趋势。

一、室内环境设计表现与表达的发展历程

室内设计是一种没有明显范围的领域，在这个领域内，构造、建筑艺术、工艺美术、技术和产品设计都是交叉重叠的。这些主题被互相编织成一篇迷人的叙事诗，从原始的穴居、神庙，经过哥特大教堂和文艺复兴府邸，直到 19 世纪巨大的市政空间和现代摩天楼的精美内部都是如此。历经历史长河的沐浴后，我们可以对室内设计的表达与表现的发展历程做一个简述。每一个时代的室内设计表现与表达都与当时设计的科技状况有着紧密的联系，表现与表达的手段也随着媒介、工具、设备的进步而产生变化。

在手工时代，文艺复兴时期，达·芬奇对透视的应用，是对传统的平行投影法的丰富及发展。那个时代没有现在的计算机技术，室内设计在表现与表达上只能使用手绘或者借用尺规的方式进行。在立体媒介的使用上，也只能借用手动工具进行制作。

在之后到来的机械时代中，二战前格罗皮乌斯、勒·柯布西耶、密斯·凡·德·罗、赖特四大建筑师对表达的潜心研究使表达的内涵得到了进一步的深化。平面媒介中的表达没有发生大的变化，但是在模型的制作阶段却可以使用机械加工设备，这一点很大地提高了模型加工的精度。

随着计算机技术的发展，室内设计的表现与表达因专用的设计软件的出现而产生巨大变革，不仅设计的过程变得方便、快捷，设计结果的表现也变得逼真、生动。计算机软件渲染生成的效果图可以仿真，逼真地表现出室内设计方案的预想效果，包括光影效果、材质效果，可以随意模拟不同的视角，进行设计方案的论证。甚至可以进行巡游动画的渲染，改变平面媒介表达中的固定不变的局限性，使得表达变得更加生动、丰富、完整。在图纸的绘制上，计算机辅助设计使得绘图的工作量大大减轻，使用 CAD 软件进行绘图，使用图层技术，设计师在绘制时可以使用 1:1 的尺寸进行绘制，可以直接在图纸文件上进行修改，再使用打印机按照比例进行打印。这是以前无法想象的，这其中带来的便利性使得设计师可以将更多的精力投入到设计之中。

在信息时代来临的今天，设计工具的全面发展，已不再局限于二维信息的范畴，也包括空间与行为，所以输出的设备不仅仅只是针对图纸。三维打印技术的出现使得数字数据文件的立体化呈现变得容易、精确。虚拟投影设备的出现使得显示的效果变得立体，用户可以直接进行三维的观察。交互时代的来临更可以使设计师与设计委托方在设计与沟通过程中达到身临其境的程度，使得设计与沟通真正地实现零距离。当前，随着设计工具与表达工具的发展，整个设计过程与表达过程都会随着技术的变革而变得更加科学化、易用化、人性化。整个发展的时代变化与处于不同历史时期的不同工具的表达方式的关系见图 1-11。

技术条件的限制和思想意识的变化

手工时代	机械时代	数字时代	信息时代
手绘图纸 手绘效果图 手工模型	手绘图纸 手绘效果图 机械加工模型	计算机绘制图纸 计算机软件渲染效果图 三维输出模型	直接进行空间设计 根据结果生成图纸 虚拟交互显示设计结果

图1-11 处于不同历史时期的不同工具的表达方式

二、室内环境设计表现与表达的 未来趋势

不仅是设计的实施过程会因技术的进步而产生进步，在设计其他步骤时也会因为设计工具的发展而进步。在设计的各个步骤中，无论是设计的初级接触，设计思考的过程，还是界面的处理过程，都会因为工具的变化而产生变化。

我们现正处于信息时代，社会的发展经历了手工时代、机械时代等，直到现如今的信息社会。在沟通的过程中，记录的方式和方法都发生了变化。从以前的单一的文字记录演变成如今的声像影音同时记录，以确保记录的准确性。在现场信息记录的过程中，从基本的盘尺的测量到如今的红外测距仪，再到以后可能会出现的直接的三维方式的记录设备。给大家回想一个电影中的画面，大家还记得《钢铁侠》的画面吧，我感觉这就是

未来设计工具的趋势，同样也是表达载体的发展方向。虽然有些科幻的意思，但是其中的道理却是非常科学的。当前设计的趋势也朝着直接易用的方向发展。在电影演示的制作过程中，都是直接的三维扫描的过程，而不是我们现在不断转换的过程。记录的方式是直接记录三维物体，不再是我们现在这样通过图形和平面图像展示三维空间的步骤，中间节省了很多步骤从而节省了很多资源和精力。影片中的设计的过程也是直接在三维的空间中直接进行设计，不再进行二维和三维的转换。在这里借用影视作品《钢铁侠》的场景演示未来设计的过程与设备（见图1-12）。

在当代的室内环境的设计表达中存在一个问题，就是室内环境设计的内容是三维性质的，

而我们的设计工具和载体多是二维的。所以在设计过程中总是存在着空间转换的问题。

还有一个问题就是体量的转换。室内环境设计的主体空间远远大于当前主流表达载体的尺寸。当前的表达只能是以微缩的形式进行，然而对于空间尺度的感受却并不能直观感受。所以进行这种感受的方式有两种：一种是以实际大小模型进行模拟。这种方式是最直观的感受方式，但是所损耗的资源太高，无法进行推广。第二种采用俗称浸入式显示装置进行设计方案模拟，这种方式可以形成全视角的效果，如果联合定位设备的话就可以进行巡游感受或者互动展示。这也许就是未来设计方式与设计结果表达的趋势。

对于设计来说，从方案设计构思到最终成果

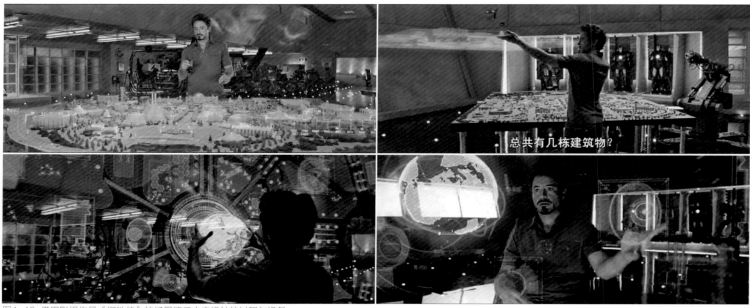

图1-12 借用影视作品《钢铁侠》的场景演示未来设计的过程与设备

表达以及施工图的绘制也是分别由设计师、表现图公司、模型公司来分工合作。这种设计分工专业化趋势，对设计行业来说无疑是个巨大的推动，这会使设计师将全部的时间精力投入到方案的设计中，从而产生出更多高质量的设计作品。

我们把能够将设计思维物化的行为都认为是表达的行为，因此表达方式就比较宽泛了，其中可包含图示、模型、计算机、多媒体以及语言文字等。虽然每个人的风格、习惯以及所设计项目侧重不同，会使设计师对表达方式的选择有所差异。但在设计表达的全过程中，有效地将多种表达方式加以综合，并充分发挥传统方式与现代方式各自的优势，取长补短，更有效、更全面地表达设计构思及成果，将是设计表达发展的趋势，也是有

效提高设计表达质量的手段。如今计算机表达在环境艺术设计领域迅速得到广泛的应用，它的强大功能在综合图示表达与模型等方面显示出了巨大的潜力。与传统的图像表达之间的主要区别在于，它的快速广泛的制图技术以及动态图像的视觉感受。在设计中，我们终于能够表达因时间而变化的动感，也就是我们所说的第四维空间。此外计算机的出现不仅给予我们不同于传统表达的表达方式，而且还提供给我们进行思索的新的工具。它给交流及设计所带来的冲击是极其巨大的。而新时代经济的发展带给我们的是一个未知的光明前景，科技在进步，就必将会创造出更新的表达方式，支撑并启发着设计师的创新梦想。

/ 问题与解答

[提问 1]:

我们现在上课的时候强调手绘的表达，也需要进行计算机软件的学习，那么数字化设计表达的特点是什么？

[解答 1]:

在设计成果表达领域里，计算机制图以它形体透视比例真实、尺寸准确、色彩明暗对比细腻、材料质感刻画逼真、情境气氛表达亲切以及画面易于修改，并且可以大量快速复制等特点，而优于其他表达方式。但是计算机绘图不能够完全取代其他表达方式，计算机表现是对手工绘制表现的一种完善，是设计师"思维"的补充。在熟练地掌握计算机绘图技能的同时，还应巩固已掌握的基本功、造型能力及审美能力，将优秀的设计理念融入到表现之中，更好地发挥计算机的优势。

1. 数字化图形技术的发展要求设计师重构新的设计理念与认知方式

在人类文明史上，"笔"曾经是人类认知客观世界的重要手段。在笔的时代，设计艺术主体的认知的手段主要是靠书写或印刷。用笔的过程实际上是设计师对自己的创作对象的观察、概括和传达的过程。计算机和互联网的发展改变了人类的生产方式和生活方式，从而影响到人的认知方式。从"笔"到"鼠标、压感笔"就是设计艺术主体重构自己的认知方式的过程。

笔的时代——设计艺术主体对于宏观和微观世界的认知在很大程度上受制于文本的传播范围和自身感觉器官的局限。也就是说，设计艺术主体是靠书写或印刷品来获取间接的经验来认识事物的。

数字化时代——计算机加快了人们处理信息的速度，提高了认知效率，从而增强了人们在信息时代的适应性。因此，计算机的操作能力将成为艺术才能的有机组成部分，并且

将逐渐占据支配地位。当然，笔的价值在人类进入数字化时代后仍不会完全消失，只不过不再居于主导地位。在信息化高速发展下的设计艺术专业教育，艺术主体认知能力将在新的条件下进行分解与重构，原先的社会分工中所形成不同的设计艺术创作方法将带入计算机艺术中来。同一种计算机或同一种软件，不同的设计师用起来，也可能有不同风格。

2. 数字化图形技术的发展给设计师表达设计意图提供了新的平台。随着计算机技术的发展，计算机硬件配置越来越适合处理高质量的图像。计算机成为数码图形制作的重要手段和强有力的载体。辅助电脑设计的诸多软件已成为艺术设计学习与表现的主流。数字化绘图软件把复杂的三维空间形象绘制在二维空间。设计者可以运用数字化绘图、数字化三维动态等手段，更加真实地反映室内外空间状态及构造、装饰材料的质感及光影。这种数字化绘图技术在艺术设计的后期制作修整阶段已体现出明显的优势：

（1）数字化图形技术能较写实地模拟真实的环境，直观反映空间的视觉效果以及材料肌理效果、灯光效果等，为客户的预期判断提供了更为可信的依据。

（2）数字化图形技术制作的效果图便于修改，可以在建模到成图的过程中，进行造型、色彩、质感等方面的反复修改。这样既有利于设计师优化设计方案，也有助于多角度地展示设计构思和表述设计。

（3）数字化图形技术的发展与软件开发的不断升级，使其在表现手法上具有丰富的表现力，能够表现出各种画种的艺术效果。

[提问 2]:

现在的室内设计师需要进行数字化的设计方法，学过很多软件，那么数字化技术在室内设计中具体有什么作用？

[解答 2]:

科学技术高速发展，新观念、新方式、新技术不断产生，书写方式与印刷文明正朝着计算机文明过渡。在设计艺术领域，设计师与大众已经形成了与笔的艺术表现形式相适应的认知能力。在信息社会高速发展的今天，在新兴的计算机文化的感召下，设计艺术教育应该面向新的艺术媒体，培养学生新的认知能力，使其设计理念、认知方式和审美情趣提高到一个全新的阶段。使用数码绘图软件进行效果图的表现，会比徒手绘图付出更多的时间和工作量。我们在教学和设计的实践中，应根据实际情况和要求正确地选择，合理地运用。

在当代艺术设计中，设计者往往根据不同的设计阶段，选择不同的表现方法，甚至可以把徒手表现技法和数码绘图的技法结合起来，相互交融，扬长避短。所以，在专业教学中，这两种表现技法都应是我们教学实践的主体内容。在不同的设计环节，实现着设计师的设计理念和设计方案。这就是数字化技术在艺术设计表现技法中应用的根本目的。虽然计算机辅助设计有如此多的优点，但是也并非完美。首先它的艺术感染力不如传统手绘表现，在概念性草图的绘制方面也不够灵活、方便，工具不是随处可取的。其次对于大场景的展现方面，计算机辅助设计对计算机硬件配置的要求较苛刻，要做到精确完美地展现真实的效果通常要花费很长的时间进行渲染、输出。

[提问3]:

我们学习了很多的表达方法，同样会对设计的表达方式进行学习，那么在设计表达中影响选择设计表达方式的因素都有什么？

[解答3]:

设计师面临的最大挑战，也许是如何在设计思维发展的不同阶段明智地选择恰当的表达方式，因为我们在选用表达手段时考虑得成熟与否，以及所采用方式的适宜度，将在很大程度上影响我们交流的质量，也同样影响设计能否获得最终的实现。设计师要使设计方案具有吸引力，使其在设计表达方面获得最佳效果，还要充分地考虑除设计思维以外影响表达的外界因素。

1. 交流对象：设计师对设计表达手段的选择应根据交流对象的特点不同而加以整合，设计师在选择交流工具时应意识到与他人的交流并不只是表达自己的设计意图，而是建立一种能相互自由交换意见的对话关系。当面对的交流对象是非专业人员时，用一种业主所不理解的设计语言进行交流，可能就会使对方产生误解。因而，在选择表达手段时要根据交流对象的不同，选择能够促进双方都理解的交流方式。

2. 设计的空间类型：环境艺术设计具有综合性特征，设计范围可分为室内设计与景观环境设计。对景观环境设计项目来说，由于涉及的空间要素较多，在计划及构思阶段可多采用计算机辅助研究，在设计的完善阶段却多用手绘的形式表现最终的成果。

3. 设计者的个人习惯：设计师一般都倾向于采用他们所习惯使用的表达手段，这种习惯的形成通常取决于他所采用的各种手段的相互兼容性，以及设计师在设计过程中的思维模式。

4. 设计项目的期限：根据设计项目规定的期限长短，在设计成果表达时，那种能体现设计师个性风格但却费时的手绘表现图就不是最佳的选择。相对而言，计算机可以使设计的不同构思同时体现出来，并加以评价、修改和发展，从而大大促进了设计的进程。

5. 设计需要的风格：业主的需求是设计的依据，可以根据表达手段的自身特点来营造出不同的风格以满足业主的要求，如华丽、宁静、严肃、活泼等。

[提问4]:

在课堂上我们学过手绘的技法、软件的应用、图纸的绘制等很多技能，这些都是单独的技法，那么如何将这些技法进行综合地使用？

[解答4]:

众所周知，设计包括构思和表现两个阶段。针对设计的过程而言，手绘表现和电脑制图在不同阶段各有优势：在设计构思阶段，手绘表现因便捷、自由、可与思维同步等原因更有优势；而在设计表现阶段则相反，电脑绘图的速度、质量、信息传递等方面则是手绘表现无法比拟的。可见，手绘表现与电脑制图是密不可分的。就设计而言，这两种表现形式哪个都不能放弃，它们不是对立的，完全可以相融互补。一个好的点子、方案、构想、创意可以用传统的手绘表现草图，再根据设计者的思路和方案，用电脑绘图表现出预想的理想效果，把手绘表现和电脑制图有机地结合起来，共同发挥两者的价值和作用。

[问题 5]:

我们需要进行设计的表达，在设计的过程中也会用到综合表达的方法，那么综合表达具体分多少种类？

[解答 5]:

综合表达是一种为了适应环境设计不断提高的需要而产生的表达方式。它在同一个设计中，同时应用多种表达方式在里面，多方面全方位地对设计进行表述，能够使表达更加充分。

1. 复合表达：在同一作品中、同一张图示表达中，采用多种表达方式，将其特点进行混合所产生的一种新的表达方式。

如同类方式之间的混合：水粉＋水彩＋针管笔和直线笔、喷笔＋水粉和水彩、铅笔和钢笔＋水彩＋马克笔、马克笔＋复印＋淡彩＋彩色铅笔、绘制＋照片拼贴等，或者不同种类表达方式之间的混合：手绘表现图与计算机之间的混合等。

这些都是多种绘制工具结合的方式，需要根据画面效果的不同需要来安排绘画的材料。

2. 综合表达：在已有各种成熟表达方式中，设计手绘图具有自然生动、富于变化、装饰性强、材质之间有对比、有渗透，图面气氛整体和谐、迅速、经济、体现专业性等特点；计算机具有形体透视比例真实、尺寸准确、色彩明暗对比细腻、材料质感刻画逼真、情境气氛表达亲切以及画面易于修改，并且可以大量快速复制等特点；模型具有真实、确定性和完善性以及直观等特点，但是在每一个设计中，都不可能只应用一种单一的表达方式，这种对在同一设计中同时将两种或者两种以上的表达方式进行混合，将各种表达手法进行联合应用的方式，就是综合表达。

[问题 6]:

现在技术进步很快，前几年的软件工具过几年就会落伍，那么设计表达的发展趋势是什么，我们怎么把握这种发展的规律呢？

[解答 6]:

20 世纪 80 年代，我国环境设计进入新的发展阶段，环境艺术设计逐渐转变成人人共享的文化艺术，环境设计表达也随之成为设计师关注的对象，然而在我国传统的培养模式下，设计表达却仅仅停留在注重效果图图面表现的层面上。近年来"设计型"、"表达型"人才培养模式的形成，正是对表达在认识上的根本性转变。设计思维表达现已走向了逐渐完善的阶段，它将向着设计分工专业化、表达方式综合化以及表达技术高技化的方向发展。

1. 设计分工专业化

随着科学技术的发展，现代化分工越来越细，一个工程从立项、方案设计竞标到施工管理乃至使用运营，都不再是从前的那种大包大揽了。而是由专门的部门分工协作来完成。而单就设计这一项来说，从方案设计构思到最终成果表达以及施工图的绘制也是分别由设计师、表现图公司、模型公司来分工合作。这种设计分工专业化趋势，对设计行业来说无疑是个巨大的推动，这会使设计师将全部的时间精力投入到方案的设计中，从而产生出更多高质量的设计作品。

2. 表达方式综合化

我们可以把能够将设计思维外化的行为都认为是表达的行为，因此表达方式就比较宽泛了，其中可包含图示、模型、计算机、多媒体以及语言文字等。虽然每个人的风格、习惯以及所设计项目侧重的不同，会使设计师对表达方式的选择有所差异，但在设计表达的全过程中，有效地将多种表达方式加以综合，并充分发挥传统方式与现代方式各自的优势，取长补短，更有效、更全面地表达设计构思及成果，将是设计表达发展的趋势，也是有效提高设计表达质量的手段。

3. 表达技术高技化

首先要澄清的是，高技化并非历史上曾出现过的高技派，这里所讲的高技化是指随着科学技术的日新月异，如 CAD 技术的发展，使设计表达在方式的选择上，迈上了新的台阶。计算机表达在环境艺术设计领域迅速得到广泛的应用，它的强大功能使得在综合图示表达与模型等方面显示出了巨大的潜力。与传统的图像表达之间的主要区别在于，它的快速广泛的制图技术，以及动态图像的视觉感受。在设计中，我们终于能够表达因时间而变化的动感，也就是我们所说的第四维空间。此外，计算机的出现不仅给予我们不同于传统表达的表达方式，而且还提供给我们进行思索的新的工具。它给交流及设计所带来的冲击是极其巨大的。而新时代经济的发展带给我们的是一个未知的光明前景，科技在进步，就必将还会创造出更新的表达方式，支撑并启发着设计师的创新梦想。

/ 教学关注点

1. 设计过程中内容、媒介、载体与设计沟通的关系与转化过程。
2. 在具体的项目中掌握如何进行内容与媒介的转化的能力。
3. 在室内设计过程中，设计师在每个设计阶段的工作任务与沟通的载体间的关联，并充分理解表达媒介的运用。
4. 针对室内设计专业学生的图表总结的弱项，进行设计分析中图表的使用方法的学习与归纳，并对其色彩、符号、图形运用的把握。

/ 训练课题

1. 针对一个已有的设计案例，将设计过程中每个设计步骤、设计内容、表达媒介、载体的关系，重新进行表达设计。
2. 找出一个实际案例，针对其分析过程重新进行图表设计。
3. 搜集室内设计的设计说明文稿并进行专业术语的学习。
4. 把室内设计表现与表达的具体的表达方式与媒介进行总结和归纳，并且根据自己的情况进行单项的训练与学习。
5. 在设计的过程中尝试进行模型的制作，例如进行草模的制作，进行模型方面的研究。
6. 搜集室内设计的展板，并根据设计内容进行重新排版。

/ 参阅资料

1.《设计表达——设计意图的剖析与推介》，詹旭军、王鸣峰、梁竞云 编著，中国建筑工业出版社，2012年11月1日出版
2.《设计表达》，姜广宇、王大海 主编，中国电力出版社，2009年2月1日出版
3.《图解室内设计分析》，刘旭 著，中国建筑工业出版社，2007年1月1日出版
4.《图解设计思考：好设计，原来是这样「想」出来的》，爱琳·路佩登 著，林育如 译，商周文化事业股份有限公司，2012年4月1日出版
5. http:// www.baidu.com　百度网
6. http:// www.google.com　谷歌网

室内环境设计过程中，设计者常透过图像思考的方式，探索、记录、发展设计构想，产生明显具体的设计构想后，再对外传达以达到沟通的目的。

设计构想具体化的现象，则是设计师在设计初期会定义一些设计条件，并加以修正使其能够被理解，而后逐渐在心中描绘出构想。随着设计的进行一边增加其精密度，一边加以捕捉，使其能够具体化。设计师不断地修正并累积经验去找寻最佳的方案，透过不同的表达方式，如像涂鸦的草图、透视图、平面图或者模型等，寻求设计概念，形成设计思考的记录过程。

在室内环境设计前期我们需要捕捉信息与设计目标，并将设计的概念有的放矢地以有效的方式表现和表达出来，也就是室内环境概念设计的表现与表达。

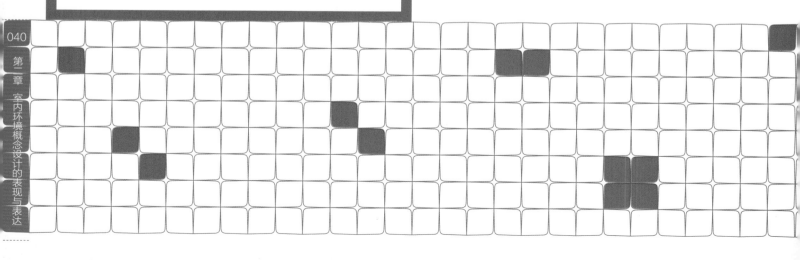

第二章 室内环境概念设计的表现与表达

1. 概念设计的目标要求
2. 概念设计的表达方式
3. 概念设计的策略

/ 问题与解答
/ 教学关注点
/ 训练课题
/ 参阅资料

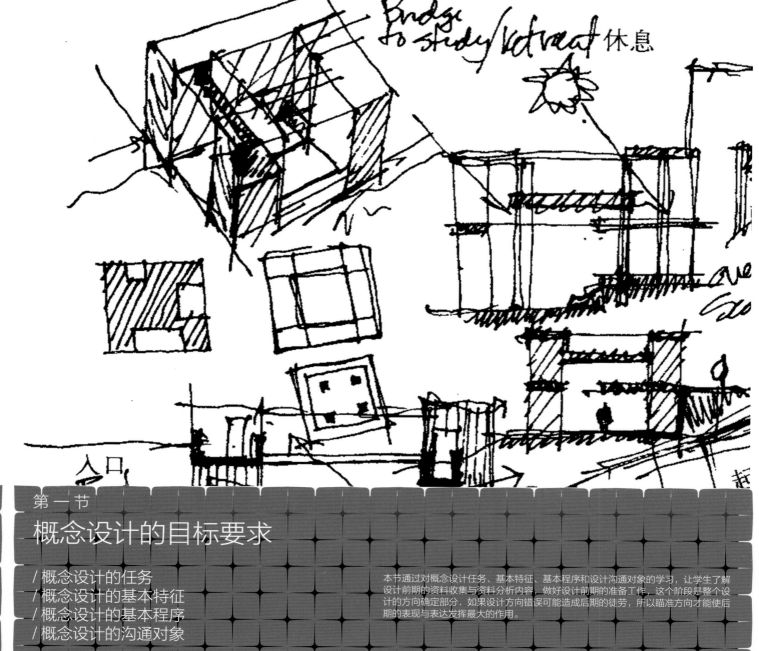

Bridge
to study/retreat 休息

第二章　室内环境概念设计的表现与表达

第一节
概念设计的目标要求

/ 概念设计的任务
/ 概念设计的基本特征
/ 概念设计的基本程序
/ 概念设计的沟通对象

本节通过对概念设计任务、基本特征、基本程序和设计沟通对象的学习，让学生了解设计前期的资料收集与资料分析内容，做好设计前期的准备工作，这个阶段是整个设计的方向确定部分，如果设计方向错误可能造成后期的徒劳，所以瞄准方向才能使后期的表现与表达发挥最大的作用。

一、概念设计的任务

概念设计简单地说，就是设计的前期准备工作，是设计过程的一个重要组成部分，其主要任务包括收集相关的资料信息，分析及明确设计要求和制约，进而提出设计目标，建立设计原则（见图 2-1）。

确切地说，概念设计是一个明确机构目标和使用者的需求，并将之转换为"行为——人——空间"的关系，来达到满足使用者需要的系统化过程。此定义概括性地说明了概念设计的基本目的、方法及实质。首先，定义指出了概念设计的目的，即内环境的高效使用且满足人的需要；同时指出了达到这一目的的方法，找出机构目标和使用者的需求，确定未来空间中"行为——人——空间"的关系，这一关系将控制未来设计的走向。这一定义还说明，概念设计是一个过程，即概念设计本身不是所追求的最终结果，而是保证某种构想实现的方法，是一个动态的过程，经过一系列的调查、分析、综合、转换过程，其成果构成设计的基础条件。

实际上，概念设计是提供一个控制设计过程的理性的框架，从系统化的观点来看，一个完整的工程项目建设过程应包含概念设计、方案设计、施工图设计及施工设计变更四个阶段。设计图纸的完成并不意味着设计过程的终结，概念设计阶段的构想需等工程投入使用后方能检验，而设计师的构想是否符合使用者的需求，是否存在不合理之处，需经使用后全面评估方可确定。

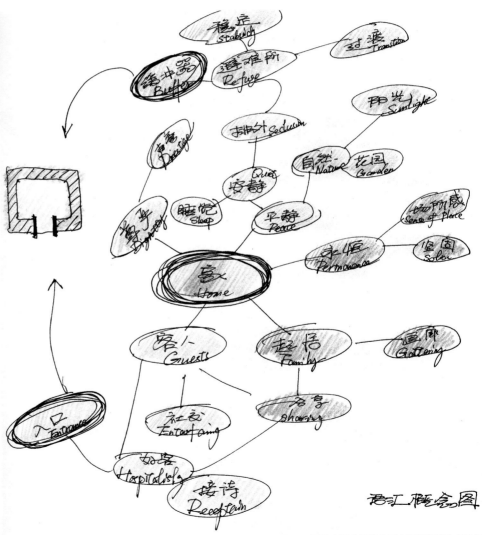

图2-1 居住空间分析概念图 / 张瑞峰整理 / 2012

二、概念设计的基本特征

总的来说，概念设计的核心是信息的收集、分析、综合及转换，以理性分析为主要特征，而设计的关键是各类型空间功能与形式的创造，以创造性的发挥为主要特征，计划能使设计师的设计思路清晰，少犯错误或不犯错误（见图2-2）。计划以理性推进，设计靠感性"催化"，即概念设计与设计的范畴。科学设计方法要求使设计建立在完善的概念设计的基础上，分析设计全过程可以发

现，这一阶段的工作为下一步的设计起着基础性的作用。

设计阶段的工作是对概念设计阶段的设计目标及要求的贯彻实现，而概念设计文件也常作为指导使用及用后评估的依据。从概念设计的过程出发，我们来探讨概念设计的基本特征，主要可以归纳为以下几个方面。

（一）人性化设计的价值取向

设计是为人服务的，离开人和人类活动，设计就失去了意义，传统的设计师对人与物质环境的关系存在着一定的误解，他们认为物质环境将限定人的行为活动，因而试图通过物质环境的设计来规范人类的行为，而如今，人们对于设计项目的认识，已跨越了物质要素的羁绊，进入人的行为和心理的世界。

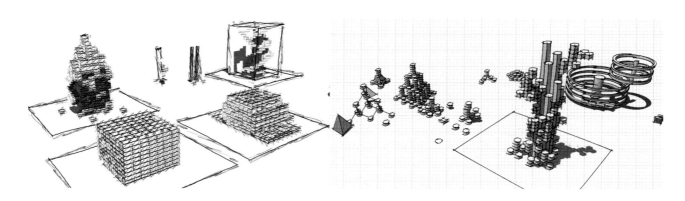

Digital module architecture

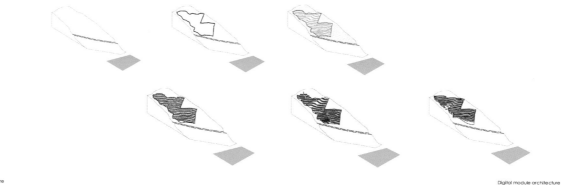

Digital module architecture

Digital module architecture

（二）强调理性的过程

概念设计阶段的主要工作是集中收集相关资料，将它们归纳整理为具有相互关联的信息组块，进而提出设计目标及要求，以文字表格、图示、计算机等表达方式呈现出来。该阶段主要是理性的分析过程，也就是设计信息的采集、综合及转换。设计问题的确定不能仅凭设计师的经验或想象，必须有所依据，尽量对各种可能性都加以分析，对可量化的要素作定量描述。对理性过程的强调，是现代设计方法的科学化、合理化要求。

（三）委托人与使用者的参与

一般来说，设计过程有多方面人员的参与，概念设计阶段突出地呈现出委托人与使用者参与的特征。委托人的理解与支持对概念设计的顺利进行至关重要，使用者的需求是建立概念设计的基础之一，而计划人是联系二者的桥梁与纽带。与委托人的深入交流，可以进一步明确设计要求，通过与使用者的面谈，发布调查问卷等方式，可以深入了解使用者多方面的需求。因此，委托人与使用者的参与在概念设计阶段尤为重要。

（四）跨学科合作

概念设计阶段也呈现多学科合作的特征，环境艺术设计涉及社会、经济、技术等多方面要素。同时研究人的行为、心理、知觉现象和规律，设计师不可能对如此众多的领域都有深入的研究，因此有赖于多方面专家的合作。

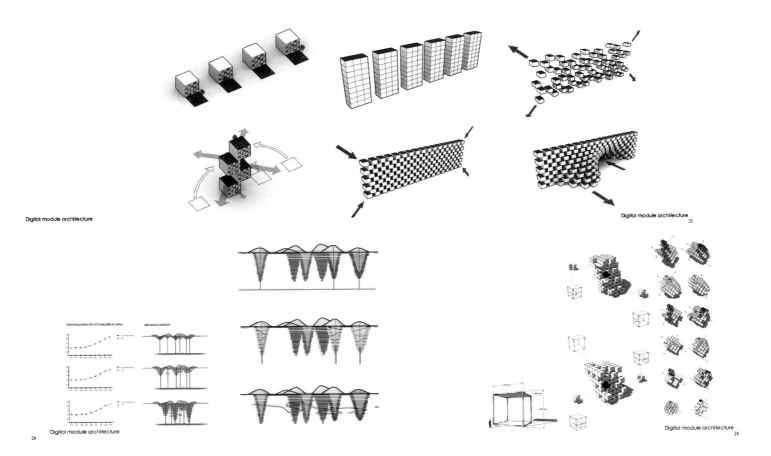

图2-2 设计前期思考 / 周逸凡 / 大连工业大学环艺082—03

三、概念设计的基本程序

通过对概念设计的分析，可以总结出概念设计的基本程序，一般来说，它的程序主要有以下几点：

1. 接到设计任务以后，进一步地获取委托人关于机构目标和经营策略的信息并加以归纳。这些信息可能是正式的，也可能是非正式的，或仅仅是委托人的个人陈述。机构目标通常不能直接获得，需要根据现有情况作详细调研分析。同时，有关制约因素，如法规、规范也应加以明确（见图2-3）。

2. 通过摄影、摄像、文字图示、调查表以及与委托人交流等方式，来收集大量的相关信息，为下一步的设计做好准备。

3. 在这些资料信息的基础上，通过对它们的归纳整理、分析综合，掌握工程项目的内部使用需求和外部制约因素。

4. 综合内部使用需求和外部制约因素，进而提出宏观的设计构想、具体设计要求及原则。

5. 通过书面文字、图示、图表等多种表达方式，形成项目设计计划书（见图2-4）。

可以说，在设计过程中，计划可以分为"有意识的设计计划"和"无意识的设计计划"。设计师应该努力地把"无意识的设计计划"尽可能提炼出来，使之转化为"有意识的设计计划"。从科学的角度来说，做概念设计是设计师所必须具备和掌握的专业技能。不管概念设计是由设计师自己来做，还是委托专业机构来完成，设计师都应该努力掌握概念设计的基本知识和基本技能，提高自身的设计素养。

同时，我们传统的设计思维方式也需要改变，与现代的思维方式相比较而言，传统的思维多注重"艺术美学"，而忽略"技术科学"，多为感觉的而非理性的，多为内敛的而不是外射的，这种思维方式往往重感性判断，轻理性推理，喜欢定性表述，忽略定量研究。而现代的思维方式，冲破传统思想的羁绊，积极探索科学化、系统化的设计方法，不再仅仅满足设计师的经验型设计。因此，学习现代科学化、系统化的观念和理性的分析方法，在我们走向现代化过程中无疑具有重要的意义。

四、概念设计的沟通对象

就设计师而言，设计沟通的目的在于将自己的设计构想呈现，并与他人沟通。因此，设计沟通需将设计思考呈现出来，并考虑到对方的背景，编辑整理后，再传递设计构想给对方。

1. 是将自己在设计中对空间功能问题及美观问题，或者设计中蕴含的理念问题，明确地图示出来以供个人继续扩展设计，继续深入设计。决定权在于个人。如果满足了个人的目标要求，也就满足了设计的主要目标要求。这就需要透过一些表达的形式把自己的创意和想法表现出来，将自己的理念表示清楚给自己看，作为一种自我沟通的形式。这也是属于自我沟通的范畴。

2. 是将自我沟通的暂时成果，拿来和其他设计师、顾问以及业主做双向和多向的意见交换。这是属于与他人沟通的范畴。决定权取决于共同意见。一般为集体行为，包括股份制公司董事会、国企上层领导群民主集中制，个企中也有较为开明的领导者，也会听取多方意见，他的智囊团队就成为设计任务

的甲方代表团。知识背景相同或相近：只要表达得准确，交流起来就没有太多障碍。

表达传递对象	目的	知识背景
设计师自己的想法	记录自己的设计构思，推敲设计	相同或相近
设计师之间	交流设计感受，评价，互相推敲设计，协同合作	
设计师和技术人员	讨论技术的可行性，明确空间的尺度和结构、技术要求等	
客户	表达自己的设计方案	不同

别墅设计任务书

使用者身份和职业特点家庭结构和生活习惯由学生自定。该建筑的总建筑面积为 300 平方米（上下可浮动 5%，各部分的面积分配可依据具体情况作适度调配），建筑层数一～三层均可。结构形式和材料选择不限，建设地段内有水电设施。

一、空间组成参考

空间名称	功能要求	面积
起居空间	包含会客、家庭起居和小型聚会等功能。	自定
工作空间	视使用者职业特点而定，可做琴房、画室、舞蹈室、娱乐室、健身房和书房等，可单独设置亦可与起居室结合。	自定
主卧室（1间）	要求带独立卫生间和步入式衣帽间。	自定
次卧室（1-2间）	要求带壁柜。	10-15m²
客人卧室（1间）	与主卧适当分开。要求带壁柜。	10-15m²
餐厅	应与厨房有较直接的联系，可与起居空间组合布置，空间相互流通。	自定
厨房	可设单独入口，可设早餐台。	不小于 6m²
卫生间（3间以上）	主卧独用，次卧与客卧可合用，起居室必须附设公用卫生间。	自定
储藏空间（一处或多处）	供堆放杂物，或存放日常用品等。	自定
洗衣房	设洗衣机、盥洗池。可结合卫生间设置也可分开设置。	3m²
车库	放小汽车一辆。可与主体分设。必须有屋顶。	3.6×6m
户外部分	包括必要的户外活动空间及庭院绿化等。具有良好的景观朝向、自然通风与采光条件。	

二、设计作品要求
①有200字左右的设计说明。
②有别墅整体总平面规划图及景园设计、建筑平立图。
③室内，一套儿童房平面布置设计及立面图。
④效果图，对其中儿童房进行效果表现，室外建筑景观效果图。

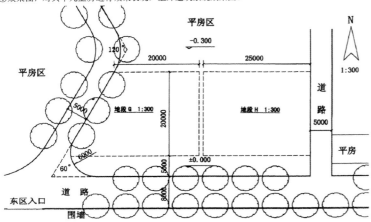

图2-3 ABC快题设计任务 / 大连工业大学 / 2012

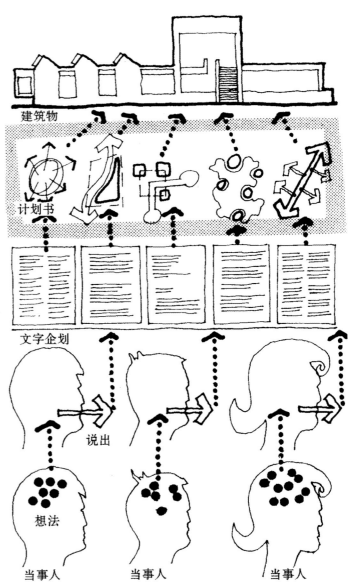

图2-4 想法传递的过程及方式 / （美）爱德华·T·怀特著/建筑语汇 / 2011

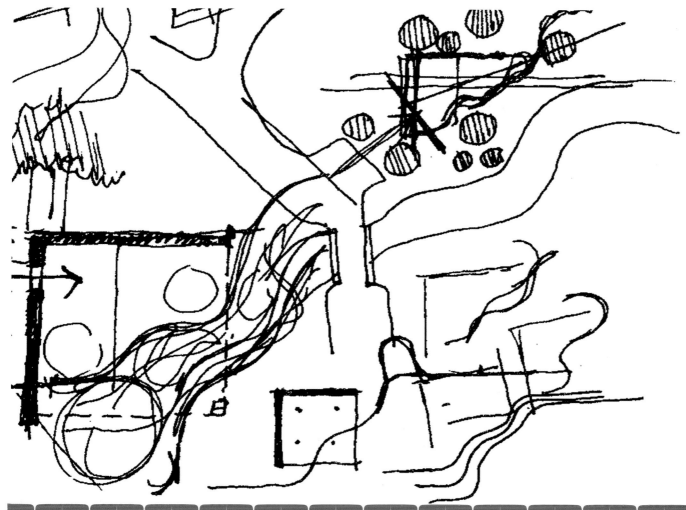

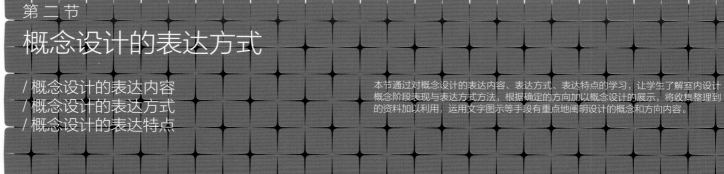

第二节

概念设计的表达方式

/ 概念设计的表达内容
/ 概念设计的表达方式
/ 概念设计的表达特点

本节通过对概念设计的表达内容、表达方式、表达特点的学习，让学生了解室内设计概念阶段表现与表达方式方法，根据确定的方向加以概念设计的展示，将收集整理到的资料加以利用，运用文字图示等手段有重点地阐明设计的概念和方向内容。

一、概念设计的表达内容

概念设计过程在于找出与设计主题相关联的所有问题，分析和把握问题的构成，并按其内在关系进行分类组合，初步提出解决问题的可能途径。通过对室内设计项目的深入研究和前期的准备工作，再把各种要求、条件及制约分析整理后，基本上可以确定设计大的方针和原则。接下来的工作就是在这些前期准备工作的基础上，应用图示的方法，将具体的内容和形式落实到具体的空间中。这一阶段，不同的设计师有着不同的设计方法和习惯，很难一概而论，但一般都是从平面及剖面的草图设计开始，然后在比较完整的草图基础上，对方案进行深入的细化和修改，经过这样多次的反复，使设计方案趋向完整，然后根据需要，分别绘制出各个不同位置的平面图、立面展开图、天花平面图、室内透视图(效果图)等，并按要求撰写有关的设计说明。

草图设计是一种综合性的作业过程，也是把设计构思变为设计成果的第一步。同时也是各方面的构思通向现实的路径。无论是空间组织的构思，还是色彩设计的比较，或者是装修细节的推敲，都可以草图的形式进行。对设计师来说，草图的绘制过程，实际上是设计师思考的过程，也是设计师从抽象的思考进入具体的图式的过程。

虽然说一项设计工作要求先要有好的创意，然后再进行具体的工作，也就是说有了"想法"后再动笔，所谓"意在笔先"。但在日常的设计工作中，一个好的构思或创意一开始并不是非常完整，往往只是一个粗略的想法。只有在设计的深入思考过程中，好的构思和创意才能不断地深化、完善。因此不能要求设计师在考虑构思面面俱到后才动手设计。实际上，草图的过程就是这样一个辅助思考的过程。

草图有多种形式，可以是以较严格的尺度与比例绘制的平面、剖面等；也可以是完全以符号、线条等表示的分析图；甚至是借助透视技法绘制的比较直观的室内环境分析。这一阶段的草图主要是供设计师自己分析与思考的形象材料，绘画的形式也无特别的限定，关键是能在草图中表达设计的重点，能够帮助设计师深入思考，发现问题，并为设计的深入提供形象的依据。

从草图开始，设计师就应当对室内的功能分区、设计的形式与风格、家具的形式与布置、装修细节及材料等进行统一的构思，确定大致的空间形式、尺寸及色彩主要方面。

在草图绘制的基础上，设计师可以通过各种方法的比较、推敲、权衡，对设计的初步方案进行深入细化和修改。在这个阶段中，与委托方的沟通是必需的。设计者应当通过各种方式完整地向委托方表达出自己设计的构思与意图，并征得对方的认可。如果在设计构思上与委托方有较大的差距，则应当尽力寻求共识，达成一致的意见，因为任何一个成功的设计，都是被双方认可后才有可能成为现实（见图2-5）。

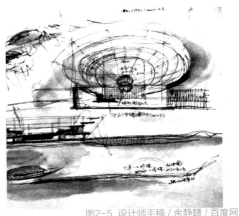

图2-5 设计师手稿 / 余静赣 / 百度网

二、概念设计的表达方式

一般来说，概念设计表达主要分几个阶段来进行，包括收集资料阶段、分析资料阶段、设计目标提出阶段。这三个阶段由于侧重点不同，表达方式也有所不同，收集资料阶段主要以语言文字、图像、图示表达为主；分析资料阶段则是以文字、图示、计算机为主；而设计目标提出阶段主要以文字、表格为主。下面对各阶段的表达方式做详细的说明。

（一）收集资料表达

在概念设计阶段，设计师收集资料的方式主要分为主动和被动两种方式。在接到设计任务后需要对现场进行大量的调研，经过实地考察，亲身去体验，并通过摄影、摄像、文字图示、发布调查表（见图2-6）以及与委托人交流等方式，来获取更多的信息资料。

1.被动收集资料的表达方式
（1）语言交流

语言是人们交流思想的工具，也是进行思维、形成思想的工具，交流这个词含有"共享"的意思，交流的双方是一体的，就思维对象和思维过程本身来说，都需要依靠语言交流才能转变成他人思想所能把握的东西。设计师在接到任务后，委托人提供的信息的数量和质量都具有一定的不确定性，有些情况下，委托人给设计师提供十分详细的书面文件；而另外一些情况下，委托人提供的只是一些概念性信息，或者只是简单的口头说明，如："我们需要更多的空间，我们公司发展得很快"，遇到后者，只有与委托人深入交流，找准方向，设立明确的设计目标，才可能获得更详细的设计要求，便于概念设计的制定。

（2）文字记录

文字记录同样是人们进行思维、形成思想的工具，它可以长时间地保存信息资料，作为概念设计的依据。在概念设计阶段，除了记录与委托人的相互交流外，还可能有一些重要的会议，其中除了有委托人的参与外，还会有多方面的专业人士参加，会议中所提出的相关设计信息，以文字记录的方式保存下来，这将会扩大设计计划的信息资料的来源。

2.主动收集资料的表达方式
（1）图表

在概念设计收集资料阶段中，设计师会主动收集一些关键性的文字或数据等信息，以及发布调查表，为下一步的设计工作铺平道路。调查表的对象主要针对未来使用者，目的是为了更好地了解掌握使用者各方面的要求以及了解现存的问题，为设计师提供设计的依据，以便他们在设计中做出合理的选择。调查表的提问要避免抽象，尽可能具体，文字要简练，要通俗易懂（见图2-7）。

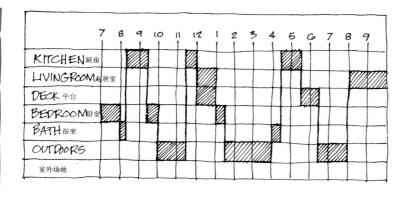

图2-6 空间利用表 /（美）拉索著 / 图解思考 / 2010

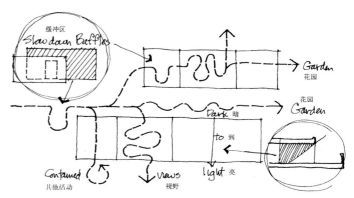

图2-7 人员活动分析图 /（美）拉索著 / 图解思考 / 2010

（2）文字图示

这一阶段的文字表达多用来收集有关法规、条例和委托人的要求，归纳和说明项目的规模、性质、用途、造价、建设周期、结构造型及材料构想等。另外，还有对同类已建成项目的资料的文字整理，为下一步的设计提供可借鉴之处（见图2-8）。除此之外，设计师还将对空间、基地现状、周围环境等作大量记录性速写，这样不但可以加深对所建项目的感知，掌握真实的资料信息，还可以有效地形成对项目的总体认识，为以后设计的顺利展开作好铺垫。这一阶段是设计的起始部分，大量而丰富的信息内容将对设计师以后的设计思维产生影响，所以在这个阶段的信息搜集一定要力求广度和深度，从而使设计师对设计项目有更加全面且深入的认识（见图2-9）。

（3）其他

除了上述的两种表达方式外，还有摄影、摄像以及与使用者面对面的访谈等方式，通过摄影、摄像等手段可以真实地记录现状空间、周围环境以及使用者的情况，摄像能够真实生动地记录使用者的流线分布，且加入时间概念，可以为用后评估阶段提供真实的依据。与使用者的面谈，可以了解使用者的生理及心理等多方面的需求。

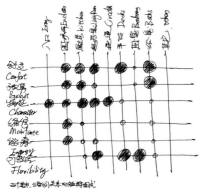

图2-8 设计要点与空间关系的矩阵图式/ 张瑞峰整理 / 2013

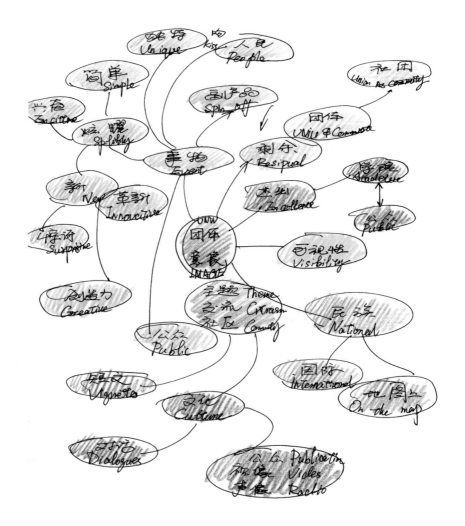

图2-9 资料收集阶段的表达方式 / 张瑞峰整理 / 2013

(二)分析资料表达

在掌握了一定的信息资料后，还需要对这些资料进行分析整理，发现问题所在，进一步发现它们的内在关系，就是前面所说的要素整合，即将分散存在于概念设计中的设计要素归纳整理为具有相互关联的信息组块。从这些信息组块中发现对设计有价值的东西，尽可能找到更多的切入点。在此阶段的设计计划表达方式主要有图示、计算机、文字表格等。

1.图示
（1）分析草图

草图分析主要包括现状分析草图和资料分析草图，现状分析草图忠实地记录、描绘设计现场的现状情况，这些基本特征都必须纳入考虑之中，抽象的设计草图同时标出基地的各项特征，从中找到应解决的问题和可行的解决方法（见图2-10）。

资料分析草图配合设计现状的调查分析，组织收集相关的图片、文字、背景等资料，在尽可能的情况下，找出与设计主题相关的各种可能的设计趋向。对资料的反复思考、比较、研究将对最终的设计结果产生重要影响。资料分析阶段有以下两个要点：首先是相似案例资料收集分析。在设计的形式感、色彩、材料、结构、设计风格取向等多个层面对已有的相类似案例加以研究，获得有益的参考和借鉴。其次是对委托人或使用者针对设计主题的具体要求进行总结归纳，以研究设计主题中社会文化背景、使用功能、审美取向、经济投入等诸多限定性因素。

（2）抽象框图

分析设计问题需要研究事物的背景、关系及其相关因素等，为了便于入手，我们需要建立某种有内在关系的网络图，把潜意识的思维转化为现实的图示语言，以一种宽松的、开放的"笔记"方法来表达它们的关系，这种关系网络图我们称之为抽象框图。它是用来归纳和说明外部条件与内部条件之间存在

第二章 室内环境概念设计的表现与表达

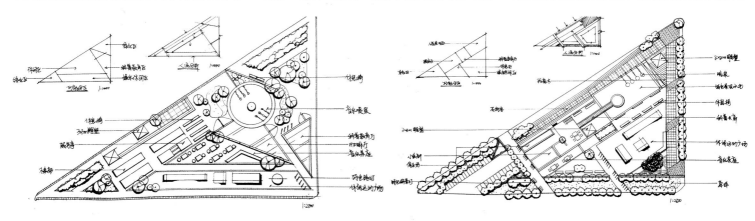

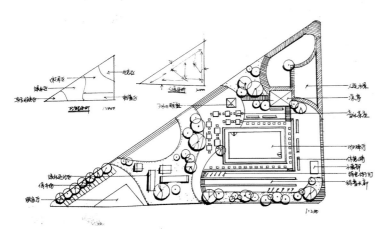

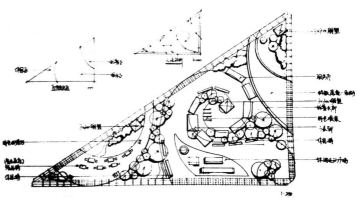

图2-10 概念设计阶段的方案比较 / 郭姝怡 / 大连工业大学环艺101-03

的关系（见图2-11）。例如可以对空间内所进行的各种活动、各种空间的功能以及人和物在空间中流线的联系上进行抽象，从各个动态角度出发加以抽象，绘制出功能关系图、流线分析图等，这些图没有一个固定的形式，是对空间关系的一种抽象化的表述。另外，在某些情况下如空间、尺度、细部设计中还要引入人体工程学方面的研究等（见图2-12）。

抽象框图的主要作用在于帮助设计师记忆大量的方案信息，也可以直接用来作为各类设计变化的记录。将研究结果以框图表示，各部分的内容形成了一个完整、科学、有逻辑、开放的体系（见图2-13）。围绕这项设计的各个因素都体现在框图中，这样可以提高其逻辑性，有利于电脑进行多方面分析和数理统计，也便于与设计总体规划的准则和结论相比较对照。换句话说，各种因素的影响都可以从这些框图中寻出关系，同时能够得出相应的要求，作为下一步设计的依据。对于设计师来说，抽象框图最主要的优点是可以从大量这种图解式中获取有用的信息。因此，抽象框图必须要简洁清晰，如果包含的信息太多以致无法一目了然，就失去其有效性了。

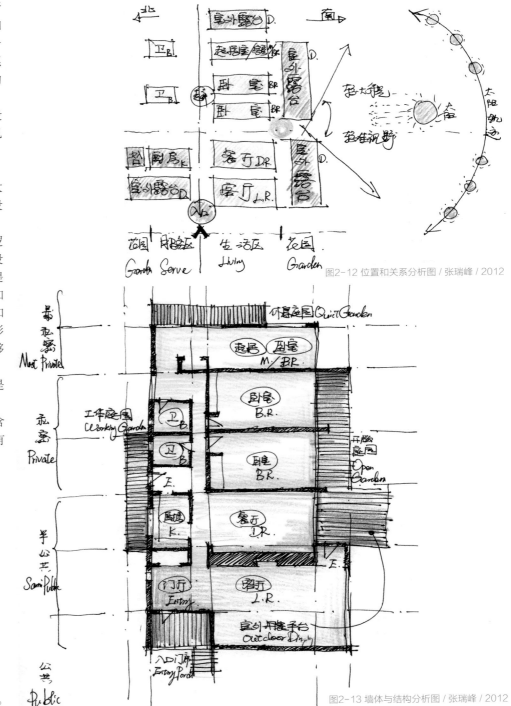

图2-12 位置和关系分析图 / 张瑞峰 / 2012

图2-13 墙体与结构分析图 / 张瑞峰 / 2012

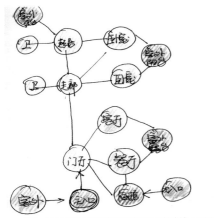

图2-11 功能基本关系的分析图 / 张瑞峰 / 2012

2.计算机

计算机的诞生和发展极大地推动了整个人类社会和科学技术的发展，随着计算机在设计领域的广泛应用，我们能够看到计算机表达在概念设计阶段的作用也越来越明显(见图2-14)。由于计算机自身具有强大的信息存储和检索功能，因而会给概念设计阶段的资料收集和分析带来很大的方便。随着社会的日益发展，出现了一些规模庞大、功能复杂的建设项目，同时也提出了日益复杂的问题和矛盾。设计师要掌握和有效利用这些信息，就要借助于计算机，将这些广泛的资料、信息存储起来，建成信息数据库，便于根据需要随时调用，并对其进行检索和查询。

在概念设计中，除了需要大量的规范、条例、功能要求等信息外，还可以调用先前存入的设计实例，对其进行分析与评价。借助计算机，还可以与其他信息网络连接，从而使得计划阶段资料收集更广泛和深入，也可以减少不必要的重复性劳动，使得准备阶段的进程大大加快。

3.文字表格

在概念设计过程中，设计师通过深入的思考，往往用关键性的文字叙述来描述方案的特殊性，之后再将此关键性文字叙述转换为图示语言，这种具有重要作用的文字表达是构思时的一种有效方式。例如，在对快餐厅的空间处理上，我们要把握几个要点，首先，"快"为第一准则，因此在内部空间的处理上应简洁明快；第二，一般以设座席为主，客人席位简单的只设站席，可加快客人流动；第三，在有条件的繁华地点，还可在店面设置外卖窗口以适应打包带走的客人；第四，快餐厅的厨房可向客席开敞，增加就餐的气氛。它的结果可以归纳为一些数据和表格，一目了然是表格的一大优势。因此，文字表格可作为设计师按照自己独立的工作方式进行下一步设计的依据。

(三)设计目标表达

在经过大量的收集、分析整理资料后，设计师在一定程度上掌握了设计的内部需求和外部制约因素，综合二者加以分析进而提出设计目标。设计目标的提出，是概念设计阶段的一个重要环节，它的提出也将成为建立设计准则的重要前提。设计目标提出阶段的表达方式多以文字表格表现出来。

三、概念设计的表达特点

(一)强调真实性

大多数设计任务都涉及众多复杂的背景资料及相关因素，从这些资料信息中提取核心部分将成为寻找矛盾，确立设计切入点的关键。这就要求收集的资料具有足够的准确性和真实性，设计的依据必须通过设计计划来加以科学的论证，不能仅凭设计师个人的经验或想象，而应建立在客观现实的基础上。

因此，在概念设计过程中，设计师需要对现场进行大量的调研，以获取客观真实的信息，通过各种表达方式来对这些信息资料进行归纳整合。例如，在对现状调研过程中，我们以拍照、速写等手段，客观地将基地特征呈现出来，不但使设计师能加深对场地的认识，而且能够深入地分析和评价记录的东西，形成对场地或空间的整体认识，为以后的设计工作提供现实的依据和保证。

值得一提的是，一个有经验的设计师会在平时的生活中很敏锐地记录一些生活片断、有价值的场景、有趣味的社会风情和一些重要的统计数据等，我们也可把这种平日的积累

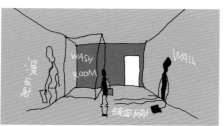

图2-14 计算机草图模拟和计算机效果表现图 / 管仁宝 / 大连工业大学环艺095—07

宏观地划入这个范围。如果我们把针对所作项目的记录性图示积累起来，就一定会对设计工作大有裨益，显然这种习惯要靠较强的意识与持久的耐心来养成。从这个意义上讲，好的设计在平日生活中就已经开始了，这无疑可以缩短概念设计的工作时间，提高准备工作的效率(见图2-15)。例如，勒·柯布西耶在他的整个设计生涯中都保持着速写的习惯，他并不关心图画在形状、比例或者作为一种完成品的特质方面的精确性，相反，他绘图的目的只在于说明不同的意图，因此，在设计前，他就已经积累了大量的素材，提前为设计做好了准备。

（二）突出侧重点

选择是对纷繁客观事物的提炼优化，合理的选择是科学决策的基础。选择的失误往往导致失败的结果，选择是通过不同客观事物优劣的对比来实现，通过这种对比，优化的思维过程成为人判断客观事物的基本思维模式，这种思维模式依据判断对象的不同，呈现出不同的思维参照系。首先要构成多种形式和各种可能的方案，然后，才有可能进行严格的选择，在此基础上，以筛选的方法找出最成功的一种类型。

筛选与抉择是科学分类与程序工作中择优选择的概念，在概念设计过程中，会涉及大量的信息资料，由于设计的限定，我们不可能随心所欲地选择，采用"筛选"这个词，也就是说，在表达中必须要有特定标准的限制，与设计无关的信息元素，不必在概念设计中表现出来，如果包含的信息资料每部分都很泛泛，将会失去其有效性，因此，设计师必须有更强的主观能动性，通过综合比较各类客观资料信息，积极发挥主观能动性，对比其优越性，来突出所要表达的重点，为以后的设计做好准备。

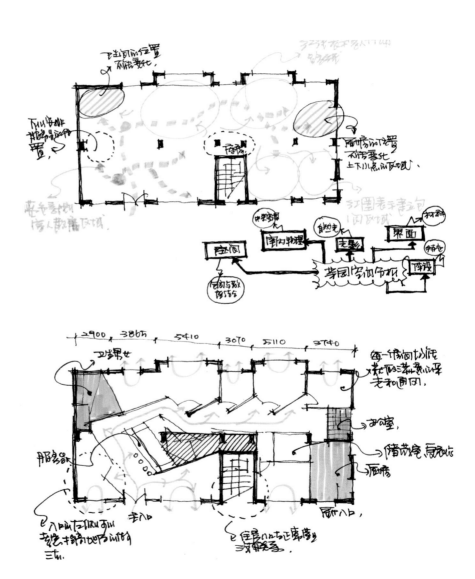

图2-15 餐饮空间设计分析图 / 顾逊 / 2012

（三）注重概念性

概念即反映对象特有属性的思维形式。人们通过实践，从对象的许多属性中，抽出其特有属性概括而成。概念的形成，标志人的认识已从感性认识上升到理性认识。科学认识的成果，都是通过形成各种概念来总结和概括的。在设计中最初的概念应该具有极其强烈的个性，往往成为控制整个设计发展方向的总纲。设计概念的生成反映了设计师本身的设计素养以及社会实践经验的积累。从理论上讲，表达概念的语言形式是词或词组。

在设计中这种形式表现于空间形象的基本要素，或是一种风格的类型。概念都有内涵和外延，在设计中，概念的内涵表现为主观的功能与审美意识，外延表现为这种意识决定的客观物象。内涵和外延是互相联系和互相制约的。在设计中概念自然也不会一成不变，同一个设计项目会同时有不同的设计概念，哪一种最好也是要根据当时当地人的特定需求来综合判定。

在概念设计中，要决定项目的性质、规模、利用方式、建设周期、建设程序、预算，从而拟定设计任务书，这些概念的引入体现在设计中就是概念设计。实际上就是运用文字、抽象框图、计算机等多种表达方式，对设计项目的环境、功能、材料、风格进行综合分析之后，所做的空间总体形象构思设计（见图2-16）。在概念设计中，强调这种概念性的目的主要就是为投资方提供一个对所投资项目的大体认识和限定，这种探讨性的方

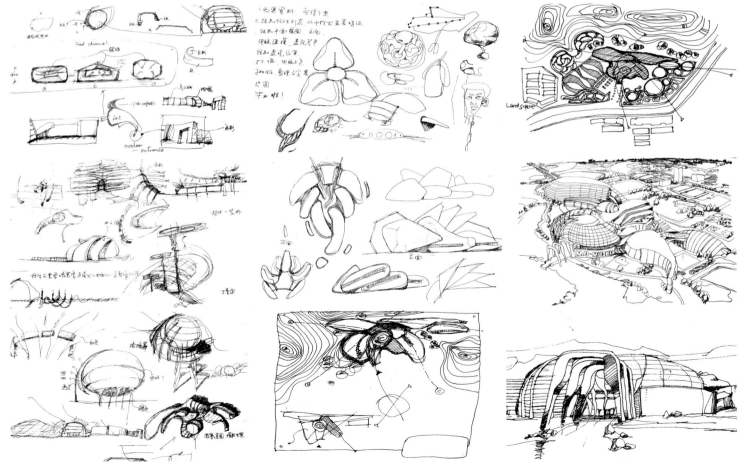

案设计往往具有概念性的特点，这种"概念性"的方案是概念设计的一部分，是对其完成之前所提出的设计任务书和设计的指导性文字的可操作性、可行性以及各项指标的综合阐述与表达，是概念设计过程中一项十分重要的环节，它是计划人检验计划结论的有效方法，是设计师重要的设计依据和思路，是概念设计具体的阶段性成果。

（四）加强系统性

从设计程序合理化的角度出发，只有通过系统的分析、假设、评估、发展过程，方能保证设计的质量功效。由于概念设计阶段的主要工作是大量情报的发掘、综合、转换，主要是一种理性的分析过程。问题的确定不能仅凭设计师的经验或想象，尽量对各种可能性都加以理性分析。对数量性的要素尽可能定量描述，对理性过程的强调，是与现代设计方法对科学化、合理化的要求一致的。

正是由于概念设计全面系统地考虑了各个层次范围内的问题，才使之成为确保设计过程顺利进行及设计质量的有效方法。

图2-16 博物馆设计草图 / 薛楠 / 大连工业大学2005届

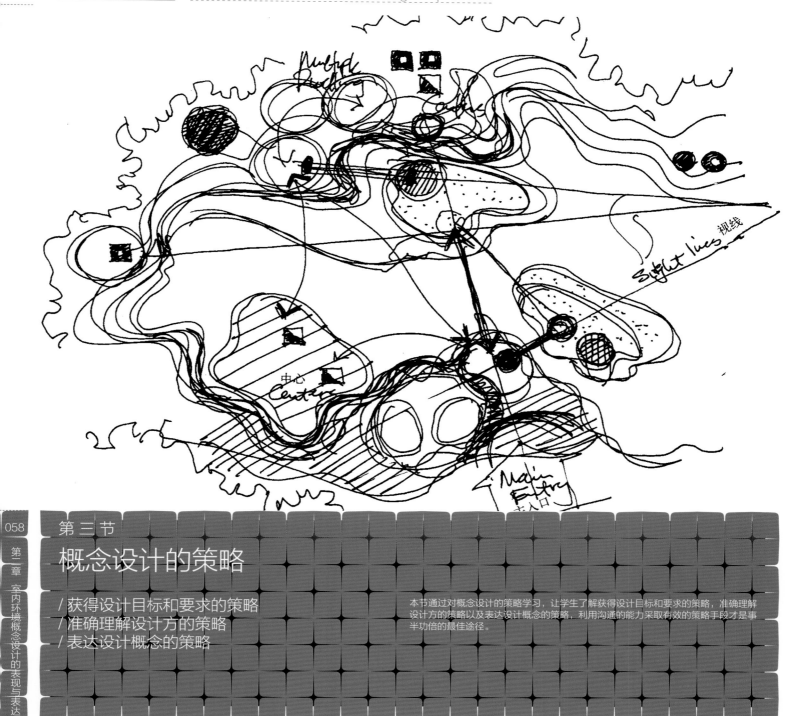

第 三 节

概念设计的策略

/ 获得设计目标和要求的策略
/ 准确理解设计方的策略
/ 表达设计概念的策略

本节通过对概念设计的策略学习，让学生了解获得设计目标和要求的策略，准确理解设计方的策略以及表达设计概念的策略，利用沟通的能力采取有效的策略手段才是事半功倍的最佳途径。

一、获得设计目标和要求的策略

概念设计需要利用设计表现图来表述、表达自己的设计理念，传达设计思想，展示设计目标和解决设计问题。但是，概念设计在完成阶段也会有不同的结果。你可能在方案设计完成后获得更大的认可，继续完成你的设计后期部分，而且合作已经建立了相应的融洽关系；还有可能你失去了你的设计机会，提前结束了你的设计合同；第三种情况，你的设计仍然继续，可是前路坎坷，更改了多次设计才能够勉强完成。如何顺利地完成方案设计阶段呢？策略是很重要的。

1. 确定唯一甲方代表，多方收集信息，获得解决主要问题的关键。
2. 掌握相关法律法规，结合实际、实地情况完善设计内容。
3. 独特创意，结合主题充实设计内容，迎合甲方喜好，控制设计超前性。
4. 突出设计表现，包围主题以质和量双向获得最佳满意度。
5. 策划设计表达效果，营造较佳的表达环境、氛围、过程和结果。

设计准备阶段主要是接受委托任务书，签订合同，或者根据标书要求参加投标，明确设计期限并制定设计计划进度安排，考虑有关工种的配合与协调；明确设计任务和要求，根据任务的使用性质明确所需创造的室内环境氛围、文化内涵或艺术风格等，熟悉设计有关的规范和定额标准，收集分析必要的资料和信息，包括对现场的调查踏勘以及对同类型实例的参观等。在签订合同或制定投标文件时，还包括设计进度安排、设计费率标准等内容。

二、准确理解设计方的策略

设计者与接收者以本身的专业素养、背景、经验等为基础，将设计构想、观念、工作情报等沟通原意，借由表达形式，即符号和代码，进行编码的动作，转变为可理解的文字或图像等沟通主题。经由媒介传递沟通讯息，接收者在解码的过程中，了解设计者的沟通原意，接收者则再发出回馈的沟通讯息，设计者与接收者相互传递沟通的讯息，形成沟通的回路，直到沟通的目的达成(见图2-17)。

设计者沟通所使用的设计数据，只是沟通原意的表达工具而已，最终的目的在于了解彼此的沟通原意。故设计沟通的真正内涵，在于接收者是否真接收到传送者之原意，而不在于使用何种表达形式。但设计数据的表达形式必须与原意结合，使表达形式在可读性及含意性上呈现沟通原意，才能达到沟通效果。在设计者与接收者部分，对设计数据，必须建立在双方具有相同的认知的基础上，不同的工作经验与专业背景将造成沟通

情况的差异，其背后所代表的意义也会有所变动。

设计沟通就其表达形式及人的因素的探讨，分别有五种沟通的元素，主要为传送者、接收者、讯息、媒介及回馈。沟通过程的元素，探讨人本身的影响因子及沟通内容的表达形式与传输形式。在人方面，传送者与接收者进行沟通时，会受其本身的观念、外界影响因素、态度、知识及经验等不同程度的影响，造成对沟通讯息不同的了解。双方"经验范围"重叠得越大沟通就越容易，反之则较困难。在沟通内容及传输方面，讯息所使用的表达形式，有口头、文字、图像、符号等。讯息需透过媒介传达给对方，因此讯息的形式与媒介之功能性质具有重要关系。媒介可由口头、传真、电子式、文书等不同的表达形式传送讯息给对方。而沟通过程中设计者表达形式使用得是否适合，则会影响讯息传递的精确度，媒介的选择也会造成讯息的减弱或增强。

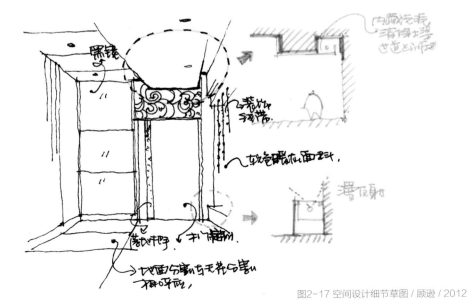

图2-17 空间设计细节草图 / 顾逊 / 2012

三、表达设计概念的策略

（一）设计概念和概念设计

现代传媒及心理学认为，概念是人对能代表某种事物或发展过程的特点及意义所形成的思维结论。设计概念则是设计者针对设计所产生的诸多感性思维进行归纳与精炼所产生的思维总结。因此在设计前期阶段设计者必须对将要进行设计的方案作出周密的调查与策划，分析出客户的具体要求及方案意图，以及整个方案的目的意图、地域特征、文化内涵等，再加之设计师独有的思维素质产生一连串的设计想法，才能在诸多的想法与构思上提炼出最准确的设计概念。

概念设计即是利用设计概念并以其为主线贯穿全部设计过程的设计方法。概念设计是完整而全面的设计过程，它通过设计概念将设计者繁复的感性和瞬间思维上升到统一的理性思维从而完成整个设计。如果说概念设计是一篇文章，那么设计概念则是这篇文章的主题思想。概念设计围绕设计概念而展开，设计概念则联系着概念设计的方方面面(见图2-18)。

（二）概念设计的思维程序

概念设计的关键在于概念的提出与运用两个方面，具体地讲，它包括了设计前期的策划准备；技术及可行性的论证；文化意义的思考；地域特征的研究；客户及市场调研；空间形式的理解；设计概念的提出与讨论；设计概念的扩大化；概念的表达；概念设计的评审等诸多步骤。由此可见概念设计是一个整体性、多方面的设计，是将客观的设计限制、市场要求与设计者的主观能动性统一到一个设计主题的方法。

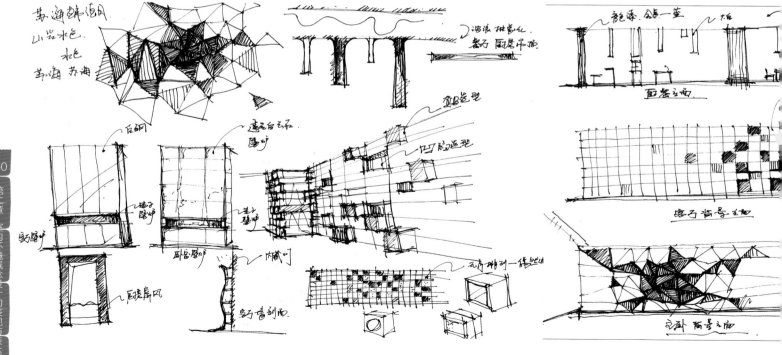

1. 设计概念的提出

首先要进行方案分析。方案分析包括具体的建筑地点分析；建筑结构分析；环境及光照分析；空间功能分析等几个部分。对于商业空间的设计来说地点分析及结论显得尤为重要，例如麦当劳、肯德基等快餐店的选址都在人流量较大的城市中心商业地带，开门、开窗的朝向以及人流路线是设计所应相当注重的。而诸如酒吧、茶室等则需要相对具有文化氛围的环境，尽量将安静、幽雅的室外环境引入室内。

其次是客户分析。客户分析是旨在了解客户的设计需求，针对不同的客户进行不同的设计定位从而体现设计以人为本的思想。具体如家居室内设计中家庭成员的数量，各年龄层次，业主的职业及习惯、兴趣爱好都是应

进行调查分析的。而业主的身高体态、健康状况则是指导人体工学运用的方面，对客户的分析是设计概念定位的一个重要方面。

然后是市场调查。对现有同类设计的分析调查往往能进一步拓展设计师的思维，从而提出别具一格的设计概念，创造出独特的空间形象和装饰效果。其中应具有个案分析，市场发展走向的预测，不同设计的空间布局等等，市场调查的深入有利于设计者调整设计思维，加深对特殊空间限定性的了解。

再进行资料收集。搜集相关的设计资料进行分析，有助于设计者对当今设计走向的了解以及对特殊空间人体工学尺度的把握，使设计的功能性趋于完美。

最后是设计概念的定位及提出。设计者会产生若干关于整个设计的构思和想法，而这些思维都是来源于设计客体的感性思维，进而我们便可遵循综合、抽象、概括、归纳的思维方法将这些想法分类，找出其中的内在关联，进行设计的定位，从而形成设计概念。

由于我们的想法都是基于方案之上并由此而展开，所以基于此归结出的设计概念必定具有相对性和独特性，也就保证了我们设计出的设计作品具有创新和独特的意义。

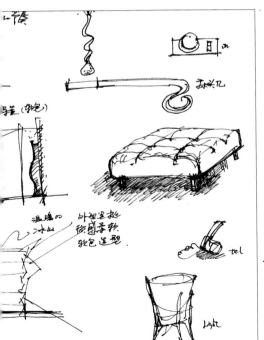

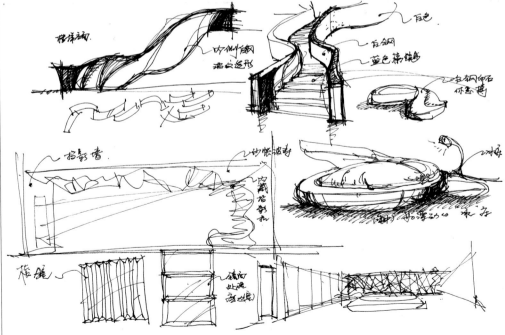

图2-18 居住空间概念设计阶段过程草图 / 张瑞峰、高巍 / 2007

2. 设计概念的带入和运用

设计概念的运用过程是理性地将设计概念赋予设计的过程，它包括了对设计概念的演绎、推理、发散等思维过程，从而将概念有效地呈现在设计方案之上。如果说概念设计的得出是设计者的感性思维结论，那么概念的运用则需要设计者将概念理性地发散到设计的每一个细小部分。设计概念运用的一般固有模式中应有以下几个方面：

（1）空间形式的思考

空间形式及研究的初步阶段在概念设计中称为区段划分，是设计概念运用中首要考虑的部分。首先应考虑各个空间组成部分的功能合理性，可采用列表分析、图例比较的方法对空间进行分析，思考各空间的相互关系，人流量的大小，空间地位的主次，私密性的比较，相对空间的动静研究等等，这样有利于我们在平面布置上更有效、合理地运用现有空间使空间的实用性充分发挥(见图2-19、20)。其次是进行空间流线的概念化，例如某设计是以创造海洋或海底世界的感觉为概念的，则其空间流线应多采用曲线、弧线、波浪线的形式。若是要表达工厂、机械的概念就应多运用直线、折线来进行空间划分。在空间布置这一步骤中，应尽力将设计概念的表达与空间安排的合理性结合起来，找到最佳的空间表达形式。

（2）饰面装饰及材料的运用

饰面装饰设计来源于对设计概念以及概念发散所产生的形的分解，由一个设计概念我们能联想到许多能表达概念的造型，将这些形打散、组合、重组，我们就能得到若干可以利用的形，再将这些形变化运用到饰面装饰的每一个方面。对材料的选择也是依据是否能准确有力地表达设计概念来决定的，是选择具有人性化的带有民族风格的天然材料，还是选择高科技的、现代感强烈的饰材都是由不同的设计概念而决定的。这样不论是大型的公共空间还是小巧的居室设计都会创造出既有变化又有统一特点的装饰形象来，因为这其中有一条线将它们串联了起来，那就是设计概念。

（3）室内装饰色彩的选择

色彩调子的选择往往决定了整个室内气氛，也是表达设计概念的重要组成部分。在室内色彩的性格及运用上已有许多论述，在此不

第二章 室内环境概念设计的表现与表达

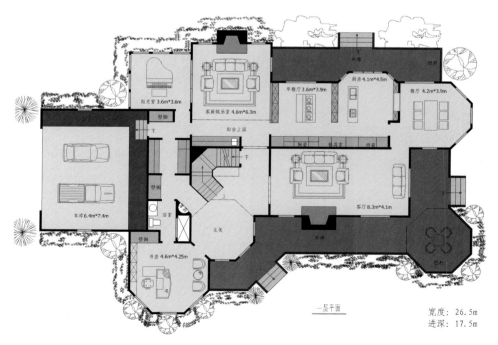

图2-19 居住空间一层平面 / 张瑞峰、高巍 / 2007

再重复。总之室内色彩调子也是由设计概念所决定的。在室内设计中，设计概念既是设计思维的演变过程，也是设计得出所能表达概念的结果。概念设计程序是一个有机的统一的思维形式，各个部分相互依存，从而使设计作品的每一部分都是设计概念的表达(见图2-21)。

（三）概念设计的思维方法

概念设计需要全面的思维能力，概念设计的中心在于设计概念，设计概念的提出与运用是否准确、完善，决定了概念设计的意义与价值。设计概念的提出注重设计者的主观感性思维，只要是出自于设计分析的想法都应扩展和联想并将其记录下来，以便为设计概念的提出准备丰富的材料。在这个思考过程中主要运用的思维方式有联想、组合、移植和归纳。所谓联想，即是对当前的事物进行分析、综合、判断的思维过程并连带想到其他事物的思维方式，扩大原有的思维空间，在概念设计的实际运用过程中便是对依靠市场调查、客户分析等实践而得出的结论进行联想，从而启发进一步思维活动的开展，设计者的本体思维差异也决定了其联想空间深度和广度的相互差异。组合性思维是将现有的现象或方法进行重组，从而获得新的形式与方法，它能为创造性思维提供更加广阔的线索。移植是将不同学科的原理、技术、形象和方法运用到室内设计领域中，对原有材料进行分析的思考方法，它能帮助我们在设计思考的过程中提供更加广阔的思维空间。归纳在于对原有材料及认知进行系统化的整理，在不同思考结果中抽取其共同部分，从而达到化零为整，抽象出具有代表意义的设计概念的思考模式。设计概念的提出往往是归纳性思维的结果。

在实际的概念设计过程中运用到的思维方式不仅仅局限于以上几种，还需要设计者深入地分析、设计、运作和策划，并进行广泛而深刻的思考探索，更需要敏捷的思维和广博的知识结构来总结和诠释设计概念(见图2-22、23、24、25、26、27、28)。

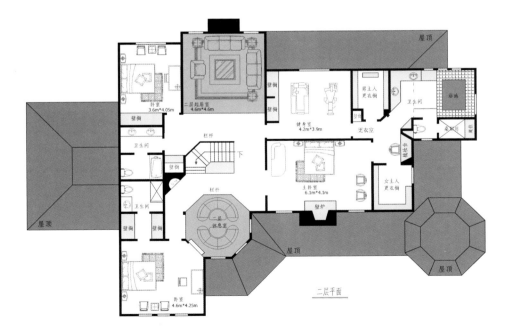

图2-20 居住空间二层平面 / 张瑞峰、高巍 / 2007

第二章 室内环境概念设计的表现与表达

图2-21 居住空间效果表现图 / 张瑞峰、高巍 / 2007

065

图2-22 餐饮空间设计——境·遇 / 唐汝琴 / 大连工业大学环艺094

第二章　室内环境概念设计的表现与表达

图2-23 月球博物馆设计 / 吴猛 / 大连工业大学艺设021-06

图2-24 寄生体 / 王扬 / 大连工业大学环艺01

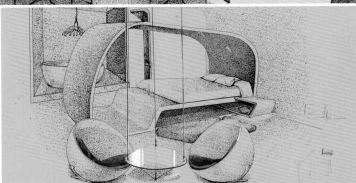

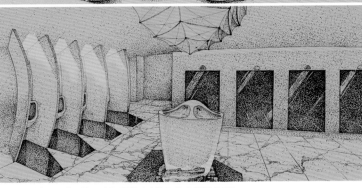

图2-25 精品酒店设计 / 欧阳丽娟 / 大连工业大学环艺05

图2-26 场地再生 / 崔健敏 / 大连工业大学环艺085-19

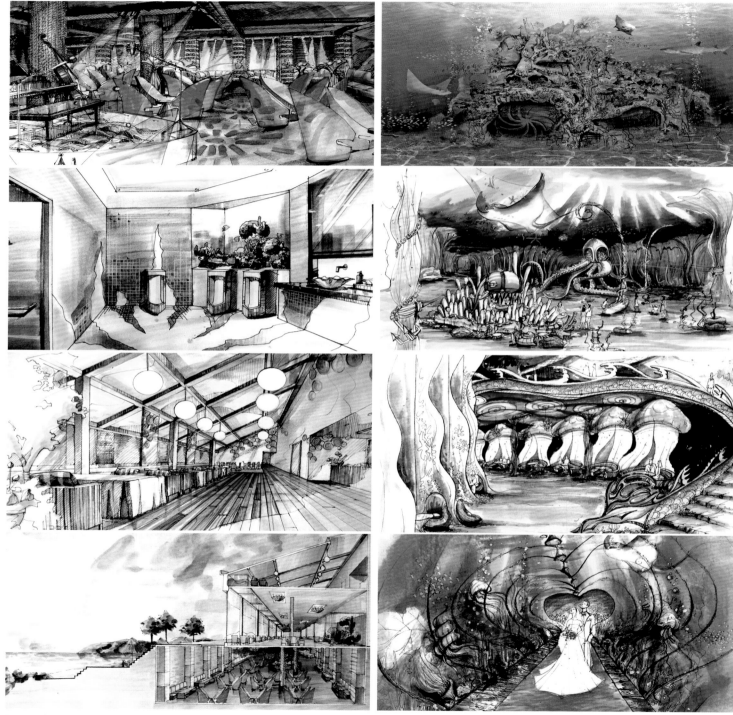

图2-27 海市蜃楼 / 刘歆 / 大连工业大学艺设024—18

图2-28 童梦奇园 / 刘池 / 大连工业大学艺设024—09

/ 问题与解答

[提问1]:
请问老师，在很多教材中，设计步骤里并没有概念设计，为什么本书中设计过程会出现概念设计这个部分？

[提问2]:
我们拿到一个设计任务后应该如何做好设计前的准备工作？

[提问3]:
设计过程很复杂，我们的想法如何准确地表达出来？设计表达与设计思考的关系是什么？

[解答 1]:
概念设计产生的根本原因在于设计师和使用者建立有效沟通的需要。让人的行为与其场所相互支持，是概念设计的主要目的之一。其次，随着现代社会的日益发展，出现了大量规模庞大、功能复杂的工程项目，这样，概念设计应运而生。再次，由于一些相关学科的发展，逐渐地对设计过程产生重大影响，因此设计工作面临多学科合作的需求日益迫切，这种需求也是概念设计产生的原因之一。概念设计的产生还源于其他的一些因素：如明确表述功能要求的需要，特定的空间功能要求，设计各阶段一体化的要求，概念设计正是由于以上多种原因而产生的。

[解答 2]:
在承接室内设计项目时通常有两种情况：一种是建筑框架墙体已基本完成的毛坯房；另一种是核准现场以后，所有以核对现场图纸为基础派生出来的设计工作量。图纸有着重要的保证和可实施性，是整个设计过程中最重要的一环，不能掉以轻心，是设计成功的先决条件。

接到设计任务之后，首先要熟读建筑图纸，了解空间建筑结构，只要有机会到现场，就必须第一时间进行现场的核准。现场尺寸及实际情况与建筑图纸会难免有不符的地方，应认真地复核，并做好详细记录，不可粗心大意，核准现场是设计成功的先决条件，也是避免反复改图，控制设计成本最有效的保证。

[解答3]:
设计是一种连续性的活动，活动本身受到发展方向及一般课题所关联。有的人认为设计过程为一整体性行为，并表示出每一个行为之间的关系，也列举外部表征、活动过程及问题解决者的三个相关领域来描述设计过程，活动过程受到设计者之专业训练及经验的影响，到发展阶段后则为沟通到解答的阶段。

我们可以将设计比喻为一个螺旋形的结构，每一个循环都经历构思、表现、测试三个阶段活动。构想阶段乃是设计最初期，设计者借由知识及经验来发展与组织各种想法，并在脑中以这样的隐约草图来定义有待解决的问题，或者引导设计者找寻最佳的答案。在表现阶段，设计者以草图或者模型等种种方式表达内心中形成之概念。在测试阶段，设计者测试设计是否符合原定之目标。设计过程在螺旋形的循环中，随着设计的发展，螺旋会渐渐缩小，最后落入解答的范围。显示设计构想是在表现阶段借由"可视化的成品"，将设计构想具体化，以能够"清楚"传达出自己的"不太确定"想法，并能借可视化的成品不断尝试与修改设计构想。

[提问4]:

请问老师在概念设计的运用阶段，我们该如何运用思维方法表现概念设计？

[解答4]:

概念设计的运用阶段在于将抽象出来的思维设计细分化、形象化，以便能充分运用到设计之中去，在这个过程中我们所运用的思维方法有演绎、类比、形象化思维等，演绎是指概念设计实际运用到具体事物的创造性思维方法，即由一个概念推演出各种具体的概念和形象，概念设计的演绎可以从概念的形式方向、色彩感知、历史文化特点、民族地域特征诸多方向进行思考，逐步将设计概念进行扩散，演变为一个系统性的庞大网状思维形象，演绎的深度和广度直接决定了概念设计运用得充分与否。类比就是依据对概念设计的认识并使其发展的创造性思维方法。概念设计是将不同的事物抽象出共同的特性进而总结形成的，而类比则又将概念的可利用部分进行二次创造与发散，产生不同的形式与新事物。形象思维的过程是借助概念演绎及类比产生的形象进行创造的构思方法，运用形象思维将前者得出的图形符号等形象进行思考，展现出三维的空间形象，是将设计概念发展立体化、直观化的表达。

[提问5]:

测量现场之前我们应如何与委托方进行初步沟通？沟通的要点有哪些？

[解答5]:

测量现场之前应与委托方沟通初步的设计意向，取得详细的建筑图纸资料（包括建筑平面图、建筑结构图、已有的空调图、管道图、消防箱和喷淋分布图、上下水图、强弱电总箱位置等）。了解业主的初步意向及对空间、景观取向的修改期望，包括墙体的移动、卫生间位置的改变等，记录并在现场度量，检查工作中是否可行。

[提问6]:

接到设计任务后，我们要做一系列的调研工作。其中到现场查看和测量就是关键一步，请问老师在设计现场我们要做哪几项工作？

[解答6]:

1. 准备工作：

(1) 设计师最好带本组其他成员一并到现场。

(2) 预先准备好纸笔。

(3) 一张纸记录地面情况，另一张纸记录天花情况。

(4) 带硬卷尺、数码相机、电子尺等工具。

2. 度量顺序及要点：

(1) 放线以柱中、墙中为准，测量梁柱、梯台结构落差与建筑标高的实际情况，通常室内空间所得尺寸为净空。

(2) 测量现场的各空间总长、总宽、墙柱跨度的长、宽尺寸，记录清楚现场尺寸与图纸的出入，记录现场间墙工程误差。

(3) 测量混凝土墙、柱的位置尺寸。

(4) 以平水线为基准来测量空间的净空及梁底高度、实际标高、梁宽尺寸等。

(5) 标注门窗的实际尺寸、高度、开合方式、边框及固定结构，记录户外景观的情况。

(6) 记录雨水管、排水管、排污管、洗手间下沉池、消防栓、伸缩缝等的位置及大小。

(7) 地平面标高要记录现场实际情况并预计完成尺寸。

(8) 现场平水线以下的完成面尺寸，平水线以上的天花实际标高（平水线：一般在离地面50cm的地方，是地面水平度的重要参考）。地面不平将导致水流容易聚集也影响舒适感。也是瓷砖、石材、踢脚线、吊顶的重要参考线，这些出现误差将严重影响装修美观性。

(9) 记录消防卷闸、消防前室的位置及机房、控制设备房的实际情况。

(10) 要求完整清晰地标注各部位的情况。

(11) 天花要有梁、设备的尺寸、标高、位置。

(12) 现场测量图应作为设计成果的重要组成部分附加在完成图纸内，以备核对翻查。

/ 教学关注点

通过本章学习,学生可以了解到室内环境概念设计的表现与表达的目标要求、表达方式、和相关策略。在概念设计阶段设计者通过图形思考探索、记录、发展设计构想,在不断的沟通与分析中整理设计创意,本阶段的表现与表达可以描绘出设计者概念设计的要求与成果展现,也是为方案设计阶段的表现与表达奠定基础。

本章的教学关注点如下:
1. 了解室内环境概念设计的任务、基本特征、基本程序和沟通对象,获取概念设计的目标要求。

2. 掌握室内环境概念设计阶段的主要表现与表达的内容、方式和特点。通过对设计概念的理解选择合适的表现形式,采用图像收集、整理、分析等方法,展示和表现阶段性成果。

3. 掌握室内环境概念设计的策略,注重与委托设计方的沟通,快速准确地获取设计目标和设计要求,准确理解设计委托方的设计意图,采用适合的设计表现与表达的手段取得相应成果。

/ 训练课题

一、训练课题目的
通过学习使学生了解概念设计阶段的重要性,明确概念设计表现与表达的方式和方法。通过收集、整理、分析设计资料,获得概念设计灵感,选择较为适合的表现手法将设计思考过程和概念设计内容呈现出来。

二、训练课题要求
1. 绘制分析过程及设计推理图纸。
2. 选择适合自己的表现方式完成该阶段内容。
3. 整理相关成果,采用适当的表现方式达到表现目的。

三、训练课题设计表达
1. 根据设计任务要求,准备适合的表达形式;通过图解分析,准确清晰地表达该阶段的设计内容。
2. 选择适宜的表达场景,营造和谐的表达氛围以获得最佳的表达效果。
3. 锻炼自我在公共场所公开表达的自信心,站在公众面前阐述概念设计内容。

/ 参阅资料

1.《设计表达》,邵龙、赵晓龙 著,中国建筑工业出版社,2006 年 12 月 1 日出版
2.《环境艺术设计表达》全国高等院校设计艺术类专业创新教育规划教材,朱广宇 著,机械工业出版社,2011 年 3 月 1 日出版
3.《图解思考——建筑表现技法(第三版)》,(美)拉索 著,邱贤丰等译,中国建筑工业出版社,2010 年 7 月 1 日出版
4.《设计手绘表达:思维与表现的互动》,崔笑声 著,中国水利水电出版社,2005 年 3 月 1 日出版
5.《室内设计资料集》,张绮曼、郑曙旸 著,中国建筑工业出版社,1991 年 6 月 1 日出版
6.《设计学概论(修订本)》,尹定邦、邵宏 著,湖南科技出版社,2009 年 6 月 1 日出版
7.《室内设计思维与方法》,郑曙旸 著,中国建筑工业出版社,2003 年出版
8.《建筑思维的草图表达》,(德)普林斯·迈那波肯 著,赵巍岩译,上海人民美术出版社,2005 年出版
9.《建筑语汇》,(美)爱德华·T·怀特 著,林敏哲、林明毅译,大连理工大学出版社,2001 年 8 月 1 日出版
10.http://www.baidu.com 百度网
11.http://wenku.baidu.com 百度文库
12.http://www.nipic.com 昵图网

方案设计阶段是整个设计的主体阶段，也是设计师的设计意图逐渐清晰化、确定化的阶段。方案阶段是概念阶段的深化，同时又是成果表达阶段的前提和基础。

方案设计是一个从无到有的创意设计过程，需要大量的理性分析、收集整理和沟通，将城市历史文化、空间环境、道路交通、水文地质、风向日照、生态植被、生活生产习惯以及业主的要求和投资、规划条件和各专业的技术要求进行整合，从而确定室内环境的体量、空间、立面、平面以及场地的设计，这是室内环境设计的灵魂。室内环境设计的好坏、成败主要取决于这个阶段。

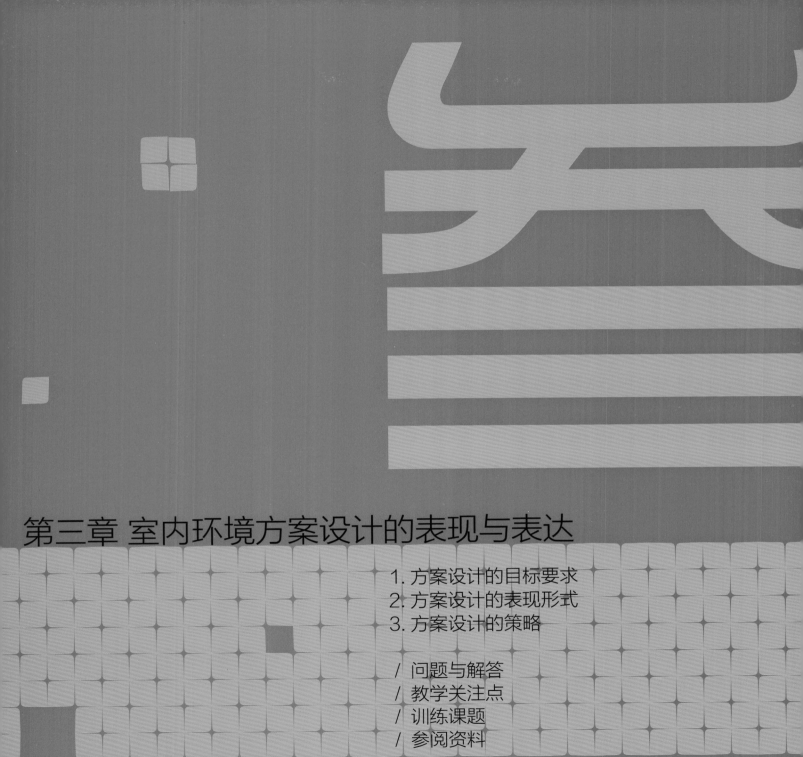

第三章 室内环境方案设计的表现与表达

1. 方案设计的目标要求
2. 方案设计的表现形式
3. 方案设计的策略

/ 问题与解答
/ 教学关注点
/ 训练课题
/ 参阅资料

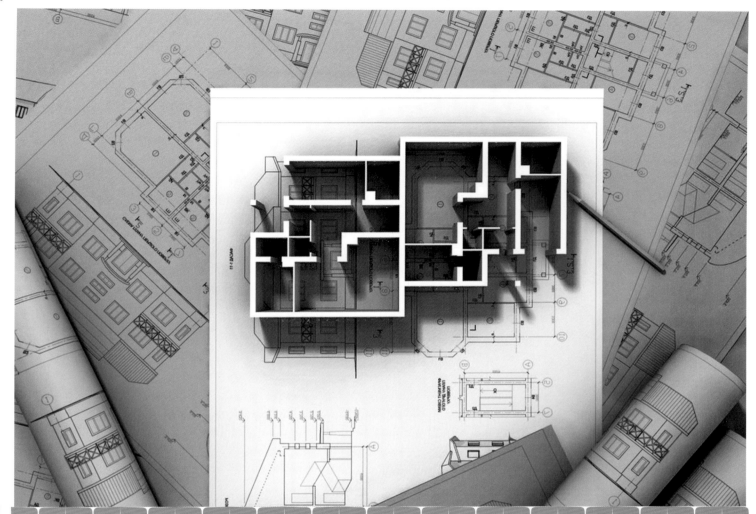

第三章 室内环境方案设计的表现与表达

第一节

方案设计的目标要求

/ 方案设计的概念
/ 方案设计的意义
/ 多角度设计的标准

本节通过对方案设计的概念、意义和多角度设计标准的学习，让学生了解方案设计阶段的目标要求，根据目标要求的不同，表现与表达的内容会产生相对的细微变化，进一步地确定设计目标可以使设计师更加准确地判断所要完成的任务及工作量。

一、方案设计的概念

"方案"一词在《现代汉语大辞典》中定义为："工作或行动的计划；制定的法式、条例"等。如果说概念设计阶段主要是对设计要求的分析、设计目标的确定以及对相关信息进行收集与处理的话，那么方案设计阶段便是在此基础上，将设计重点放在所提出问题的全面而综合的解决上。这个阶段可以看成是一个在发现问题、解决问题之后，在汇总问题的基础上重新发现问题，再周而复始地螺旋上升的过程。构思阶段思维的性质决定了该阶段思维具有开放性、反复性和尝试性等特征。在方案设计阶段中的设计思维方式是非常丰富的，它由在概念阶段占主导地位的理性思维发展成为各种思维方式的相互交织，它既包含理性思维与感性思维，也有逻辑思维与形象思维；既有分散思维，又有收敛思维；既有表现思维，又有创造性思维。

二、方案设计的意义

（一）方案设计的重点
1. 调整概念设计阶段的不足与欠缺。
2. 基本确定设计平面布局、功能需求及主要空间的表现效果。
3. 为施工图阶段提供准备工作和依据。

4. 为设计和施工提出总体设计目标和要求。

（二）方案设计的作用
方案设计阶段的特征，决定了设计的表达是一种非线性的不断探索的过程，并呈现出反复性及尝试性的特点。在这个阶段中表达的作用不仅仅局限于作为同客户及设计成员进行交流的工具，而且还会激活思维，有效地改变思维方式以促进想象力和创造性，推动设计的发展，具体表现为以下几个方面。

1. 方案设计是设计项目的重要阶段
在方案阶段图示表达主要表现为设计草图到成图的推进，设计师在做草图时，可以用不完整的形象来表达设计构思，由于它的模糊性、开放性，可启发方案设计阶段的思维，而不受具象图形形式的局限。
方案设计阶段中存在着对若干个设计方案的类比、选择与综合，即是检验的过程。具体来说，要将几个方案进行评比择优选用，为了使所采用的方案更加完善，则需将其他方案的优点综合进来。最后设计师对综合的方案进行推敲，如局部空间布置、造型设计、细部处理等，在推敲过程中设计师可能会形成新的设计观念，这便需要新的方案设计图来表达改进了的设计构思（见图3-1）。

2. 方案设计是设计项目的灵魂的塑造过程
每个建筑室内环境都是在其共性的范围内追求个性的产物。同样性质的室内环境对不同的建设单位来说则具有不同的意义和内涵。方案设计的过程就要抓住这些潜在的信息并对其进行抽象提取和具象表现，使之最后形成一个具有个性，能够体现建设方和使用者内在精神面貌或形象标志的具象的建筑室内环境实体表现物，赋予室内环境精神和文化层面的内涵，是建筑室内环境灵魂的塑造过程。

3. 对建筑室内环境成本的控制起着重要作用
好的方案会合理地确定结构形式和立面材料。在结构允许、经济的范围内进行体量组合设计，进行精心的设计能使普通材料达到好的整体视觉效果，从根本上解决结构问题，控制建筑成本。否则，一个不合理的建筑方案，结构专业再怎么精心计算也解决不了根本问题。

4. 对设计单位能否顺利开拓市场起着决定性的作用
方案设计在设计过程中是第一步，好的方案设计能够给甲方一个好的第一印象，利于双方下一步的相互沟通并为之打下坚实的基础。反之，即使有幸参与好的项目也有可能因方案不好给甲方一个该单位水平有限的负面印象，使其产生不信任感。那么该项目流产的几率就很大了。

5. 是施工图设计能否保证高效、按时、保质完成的关键因素
好的方案设计会充分考虑各专业的问题，给各个专业留下足够空间。即使在没有初设阶段的情况下也可以保障施工图的顺利进行，确保项目方案设计的完整性，能够高效、保质、按时完成施工图设计工作，从而提高生产效率，获得市场好评。反之则有可能将原方案改得面目全非，从而浪费时间、增加成本、降低工作效率、降低市场影响力，更有甚者，导致项目不能继续进行，可谓是"赔了夫人又折兵"。

项目		步骤	主要议题
项目	项目研究	对象描述	包含的元素
		背景调查	什么样的属性
		先例研究	比较属性
		评估 / 结论	机会与挑战
		任务书	需改进的内容
	项目设计	概念	周边环境空间层面上的改进
		概念发展	项目层面上的改进
		设计深化	元素层面上的改进
		细部	细部节点层面上的改进
		设计实施	对各种改进的技术说明

图3-1 设计步骤和主要议题 / 2012

三、多角度设计的标准

在环境艺术设计的整个过程中，设计成果的表达是非常重要的环节，设计构思都要通过最终的成果来体现(见图3-2)。对甲方、业主和欣赏者而言，最终的方案成果是他们最为关注的部分，在课程设计和设计项目的所有艰苦的设计准备工作、精妙的构思过程中，都要以最后成果的形式被评价和交流。因此，方案成果表达成了方案优劣的决定因素之一。在校学生一般情况下设计表达任务由自己来完成，但在实际工作中，设计表达阶段的任务不能仅靠设计者个人来完成，要依靠设计团队的设计力量和智慧共同完成设计成果表达工作。最终的成果也可以委托专业公司、模型公司、计算机演示公司、配音公司及文本制作公司等，但这些表达工作都必须以主要设计者为核心，应按照他的设计图对各方面的工作提出要求和意见，最终完成设计表达工作，为方案的演示、汇报提供设计文件。

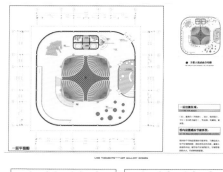

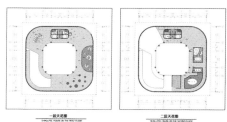

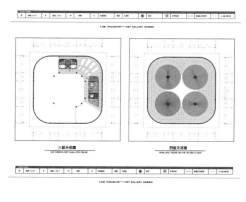

图3-2 线的思绪——美术馆设计 / 张莹 / 大连工业大学环艺085-01

（一）满足平时作业中的设计标准

1. 立意构思创新：指设计图中的立意创新点思路、想法是否与众不同，有没有特点(见图3-3)。

2. 完成工作量：指是否按时完成教师布置的关于设计任务书中的全部工作内容(见图3-4)。

3. 设计难度系数：指学生所作的设计因构思不同所表现问题复杂程度的多少在全班中所处的地位(见图3-5)。

4. 技术要求：指设计作业中是否解决了结构、建筑物理、建筑构造、设备等相关建筑技术方面的问题或相关问题的多少(见图3-6)。

5. 图面表达效果：指学生设计作业图纸的表达技巧、手段、方法、深度及熟练水平(见图3-7、8)。

6. 主要问题解答：指学生是否按要求解答了任务书中针对该作业所规定必须掌握的核心问题或关键问题(见图3-9)。

7. 次要问题解答：指是否按要求解答任务书中针对该作业所规定的一般相关问题。

8. 规范要求：指学生对本设计题目所规定的相关设计类规范(含设计规范和防火规范)或规划类规范等知识的掌握情况(见图3-10)。

9. 图纸要求：指学生设计图纸规格的统一、各视图的对应统一、色彩的统一、字体的统一、图纸标签的统一等内容。

10. 难点掌握：指学生在该作业的学习过程中对该设计作业中所包含必须了解基本难点知识的掌握情况。

11. 学习纪律：指该学生在设计作业全过程中的出勤情况及学习态度。

12. 其他：指教师对该学生总体的看法、评价以及前11项未包含的影响因素。

图3-3 交互空间 / 孙校泽 / 大连工业大学环艺094

图3-4 工大科技园模型 / 研究生设计组 / 大连工业大学

图3-5 有机空间 / 石峥 / 大连工业大学环艺081-19

图3-6 异境西餐厅室内设计 / 孟令敏 / 大连工业大学环艺081-11

图3-7 TIME会所 / 尉梓坤 / 大连工业大学环艺082-21

图3-8 场地再生 / 崔健敏 / 大连工业大学环艺085-19

图3-9 居室设计 / 黄译萱 / 大连工业大学环艺103-09

图3-10 餐饮空间设计 / 黄译萱 / 大连工业大学环艺103

（二）满足毕业设计中的设计标准

毕业设计是教学、实践与创新能力结合的综合性教学环节，是学生综合演练、提升专业能力的总演习（见图3-11）。

1. 选题

在选题上，要依据本学科专业方向特点及学生具体情况，鼓励学生进行创新性设计。应构思巧妙而独到，具有创意，应与当代新设计、新思潮和社会人文、时尚消费相结合。鼓励学生进行实题实做，让学生在具体的实践中得到锻炼，提高实际应用能力。

2. 设计步骤

毕业设计基本分为概念定题、展开构思、设计展开、设计定案、深化设计和发布展示这六个步骤。

概念定题： 主要展开市场调研工作，指导学生关注社会市场，进行各类咨询，收集资料，分析问题，并立题。

展开构思： 在明确课题发展方向后，应对问题进行初步的设想解决，构划出设计思想、设计方向和基本设计概念。

设计展开： 在明确基本构想后，进行外形提案、色彩结构、功能等方面的确定。

设计定案： 对草案、提案进行分析、整理、优化组合，提出较为完备的设计方案。

深化设计： 对既定的方案进行细化，对一些问题进行解决并成文，由此来完成设计图纸和可行性分析报告。

发布展示： 整理并调整设计，完成设计报告书，制作样品，打印设计展板，准备答辩材料等。

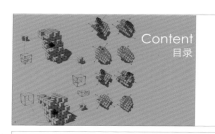

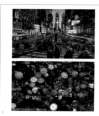

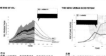

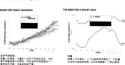

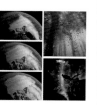

图3-11 数字模块建筑毕业设计 / 周逸凡 / 大连工业大学环艺082-03

项目类别	项目标准	项目分数	
方案构思	选题切合现实，具有时代感 / 超前意识 / 一定实际意义	10	30
	立意新颖独特，能明确传达设计主题	10	
	构思来源合理，参考资料翔实，演变过程严密，方案确定合理	10	
空间造型	与总体环境协调，反映具体环境特征，有可持续性	5	25
	空间布局合理，交通流线明确	5	
	造型生动准确，符合经济技术标准	5	
	满足基本功能要求，方便使用	5	
	细部刻画深入，构造选择合理，材料运用恰当，有利建造施工	5	
图面造型	图面整洁，排版适当，图纸完备	5	20
	尺寸准确，标注完整，符合规范，设计说明清楚，能准确表达设计思想	10	
	透视（鸟瞰）画面均衡，色彩和谐，材质恰当，视觉舒适，符合正常审美习惯	5	
现场表述	遵守时间，言语规范，大方有礼	10	25
	思路清晰，条理明确，言简意赅	10	
	声音响亮，表达自如，准备充分	5	

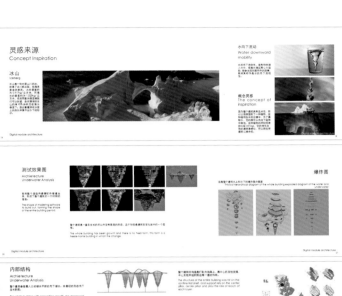

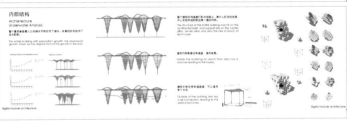

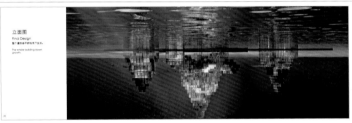

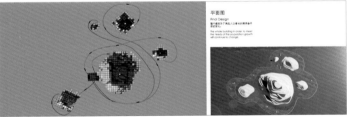

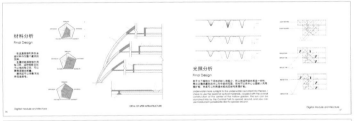

（三）满足竞赛中的设计标准

设计竞赛不同于平时的课程设计和实际工程，在设计竞赛中，其主旨是强调创新，原创性非常重要，参赛作品能够让评审有惊喜，便相对容易从其他作品中脱颖而出。

1. 自拟主题的重要性

一个好的理念是获胜的一半。现在大多数竞赛的题目比较开放，题目中不会对空间的功能、规模和选址做太多限制，即使有相关信息，也一般不作为作品评定的主要依据。因此参赛者首先需要自己拟定一个主题，提出一个理念，设定一个问题。这种问题可能来自室内设计学科，也可能选自更大的范围，例如社会热点问题、学科交叉产生的新问题。选题对于竞赛至关重要，因为学生竞赛的目的不是为了建造某个具体的空间实体或解决某个实际问题，而是为了锻炼未来设计师的观察能力、思维能力、解决能力乃至表现能力。主题的选择，除了选择竞赛的主要命题，可能还包括地形的选择、设计条件的制定或深化等等。

2. 好的表现和表达形式

如何通过你的图纸说服评委。有了好的主题，接下来就是如何表现了，平庸保守的思维方式和表现方式可以作为实际工程的选择，但一般不会被竞赛评委所欣赏。众多竞赛者可能会选择同一个热点问题，最终表现图水平的不同影响了最终的评选结果，不同于实际工程需要考虑规范、造价和市场等因素，竞赛的设计思想可以较为"超前"，甚至带有一定的乌托邦色彩，当然这种突破需要巧妙及合理，没有道理的主观臆想不是创新。对问题的解答，除了包括设计，还包括成果表现，这一部分工作有时会成为决定性影响因素。因为竞赛的评选过程有很大的特殊性，即"大量快速"，很多评委是知名建筑师或学者，并不是专职的评图员，甚至没有从事

教育工作的经验，因此在百忙之中从世界各地汇聚在一起，可能只有一天甚至更短时间去评审成百上千份的学生作品，其速度可想而知。通常的方法是筛选法，也就是快速浏览，选出入围方案，然后再细看，评出具体名次。如果你的作品图像模糊、结构混乱、技法拙劣，那么很可能首轮就会被淘汰。除此以外，竞赛评图是匿名的，甚至无法口头阐述，也就是说必须用表现图纸去阐述你惊世骇俗的构思和艰苦卓绝的设计过程。因此，竞赛图纸的表现原则最基本的要求是清晰，即让大多数观者能够明白你的想法。做到清晰并不容易，例如构图，更准确讲是一种图纸结构的编排，应该体现出设计的逻辑和重点，许多图纸内容庞杂，面面俱到，但缺乏重点和组织，效果还不如留出图面表现主要图纸，其余缩小甚至省略。因此，对于竞赛来说，再好的想法如果表达不好，也是惘然。

3. 正确的态度

认真对待比赛的态度是非常重要的，要仔细看清比赛细则，用心准备好赛事所需要的功课和数据，并清楚、精简、有条理地把作品的概念传达给评审。若是作品的确有一定的水平，便会有机会获奖。虽然竞赛的结果难以预料，评委的口味也是难以捉摸，也可能有许多理想或现实的原因，但起码可以达到锻炼思维、主动学习和扩展能力的目的。

综上所述，设计竞赛有着较为特殊的思维方法和表现技巧，甚至有些细节与课程设计或实际工程矛盾，这种特殊性也体现了竞赛的意义——鼓励创新。设计竞赛、课程设计与工作实践是不可相互替代的，设计是一门复杂学科，获奖与否并不是设计能力的唯一评价标准，因此，积极而又平和的心态也许是参加竞赛所必需的。

例：中国环境设计学年奖

专业奖项：

（1）建筑设计（2）城市设计（3）景观设计（4）室内设计

每类奖项再按照最佳设计和最佳艺术创意分类评选：

设计奖是指体现设计全过程，包括从设计创意到可实施性的工程规范及其细节，设计与现实的紧密结合；

艺术创意奖更主要地强调设计的概念性、思想性、创意及其艺术表现力，但是其设计的完整性不能缺失，设计的调查和分析等设计过程仍然非常重要，只有设计效果图者不能入选评选（见图 3-12）。

评审要求：

（1）设计成果应体现对社会、文化、历史及环境的关注，符合人类文明的普世价值；

（2）设计成果有明确的设计目标和针对性的需解决问题；

（3）设计成果清晰地表达设计分析思路和设计思考过程；

（4）设计的调研和分析，即其设计思维和设计逻辑应该是设计的一部分，要特别体现出来，倡导创新性和独特性的符合设计目标逻辑的设计成果；

（5）设计成果包含符合国家相关专业规范要求的完整的设计图纸内容；

（6）设计成果通过效果图、实体模型照片等方式客观真实地表达设计效果与设计意图；

（7）设计成果关注结构、材料构造及设备技术条件等工程技术可行性问题；

（8）设计成果版面要求图文并茂、内容完整、表达清晰。

图3-12 "釉"西餐厅设计 / 郭纯 / 大连工业大学 / 环艺学年奖 / 第一届大师选助手活动中当选宋微建助手

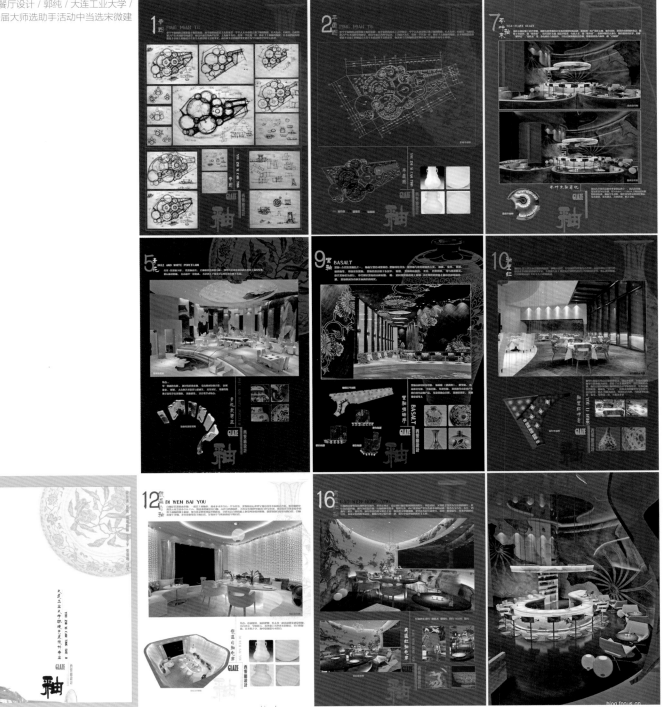

（四）满足工程中方案设计的设计标准

（工程方案设计招标投标管理办法）

满足招投标要求的方案设计标准：招投标活动中，招标方案设计合理直接影响到招投标的结果是否理想。招标中的需求分析、标段划分和需求表述，从中提出了在招标方案设计过程中应注意的问题及如何制定出合理、有效的招标方案。在现实操作中，可能遇到的需求形形色色，千差万别，这就要求必须根据具体情况来拟定招标方案（见图3-13）。

工程方案设计招标技术文件编制内容及深度要求：

1. 工程项目概要

项目名称、基本情况、使用性质、周边环境、交通情况、消防、结构要求等。

2. 设计目的和任务

3. 设计条件

主要经济技术指标要求（详见规划意见书）、用地及建设规模、建筑退红线、建筑高度、建筑密度、绿地率、交通规划条件、市政规划条件等要求。

4. 项目功能要求

设计原则、指导思想、功能定位等。

第三章 室内环境方案设计的表现与表达

5. 各专业系统设计要求

根据招标类型及工程项目实际情况，对室内、结构、采暖通风、给水排水、电气、人防、节能、环保、消防、安防等专业提出要求。

6. 方案设计成果要求

文字说明、图纸、展板、电子文件、模型等（见图3-14）。

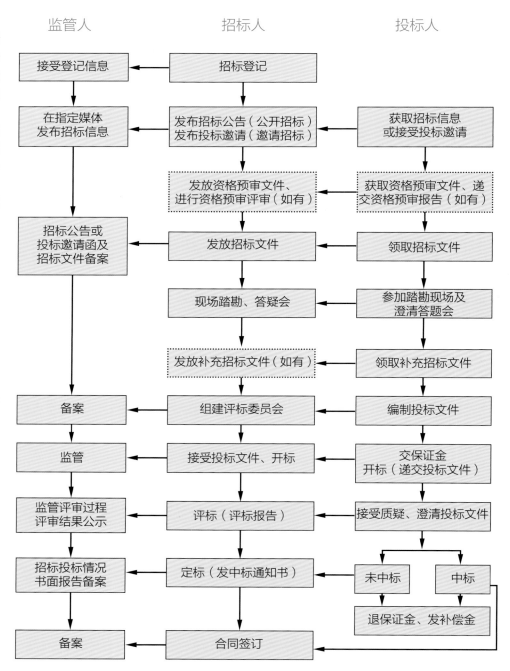

图3-13 建筑工程方案设计招标管理流程图

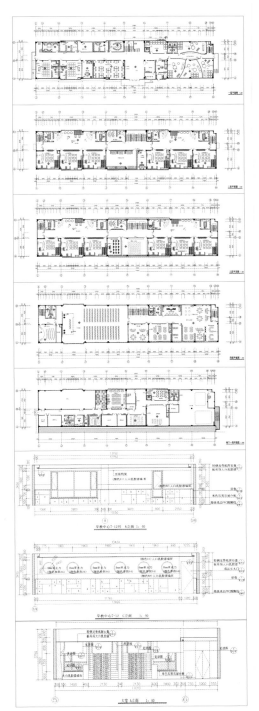

图3-14 大连市西岗区实验幼儿园设计方案图和实景 / 张瑞峰、高巍 / 2012中国建筑艺术"青年设计师奖"金奖

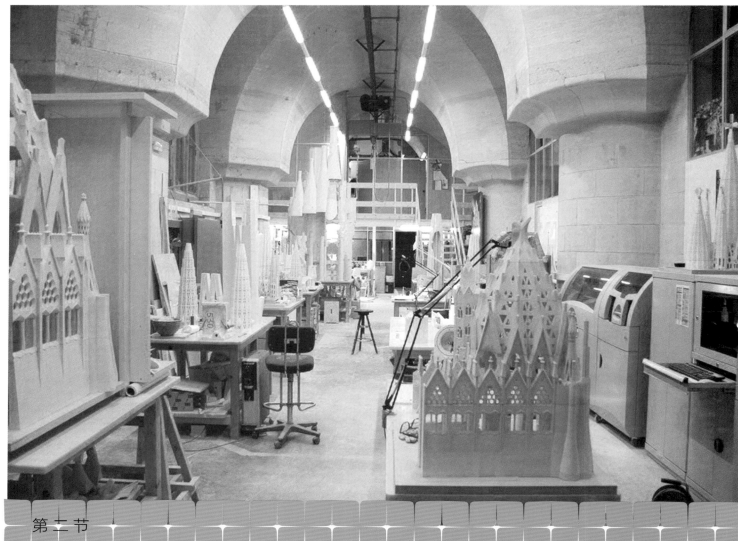

第二节

方案设计的表现形式

/ 方案设计的表达内容
/ 选择合适的表现形式
/ 方案设计的表达特点

本节通过对方案设计的表达内容、表现形式和表达特点的学习，让学生了解方案设计阶段表现形式的多样性和完整性；如何借助混合媒介的表现手段，如何更好地表现设计成果，如何根据自己的专业能力有特色地展示设计方案是这节学习的重点。

一、方案设计的表达内容

如果说概念设计阶段主要是对设计相关资料的收集，对设计目标的确立的话，那么方案设计阶段则是在此基础上，将设计的重点放在所提出问题的全面解决上。在方案设计阶段的设计任务主要体现在两个方面。一是艺术语言层面，包括主题的设计、风格、文脉、比例、尺度、质地、色彩、光线与形体艺术效果方面。在艺术语言层面上的设计要充分考虑形式美法则，如变化与统一、节奏与韵律等。二是技术语言层面，包括功能分区、交通流线组织、空间体系、材料设备的选定、相关技术法规、工程概算、技术指标等方面。无论是艺术语言层面还是技术语言层面的各项因素，我们都要统筹考虑，客观把握，要综合全面地把握与分析，不能机械孤立地去看待。

二、选择合适的表现形式

可以表达设计理念的方法有很多种，很多设计师侧重于应用一种或几种固定的表达方式。如何选择最恰当的表达方式，对于设计最终能否取得最好的效果，具有很大的意义。影响表达方式的选择因素有：设计内容的客观要求，交流对象或者业主的要求，设计师的个人表达习惯，经济的制约等因素。方案设计表达的方式从广义上讲是多种多样的，主要可分为两种类型：一是思维通过有形的具象形式进行设计信息的传递；二是思维通过抽象的语言文字进行信息传递。通常认为凡是能够有效地将思维意念"物化"的手段都是表达的行为。它包括对人的视觉、听觉和触觉的诸多感官刺激作用，而就环境艺术设计表达来说，比较常用的具象思维表达手段主要有徒手草图、计算机辅助设计、模型制作。而语言文字表达则贯穿设计构思阶段的全过程。

（一）徒手草图

我们提倡设计阶段多使用草图来解析设计思路，因为设计草图较少依赖其他工具，设计师靠一支笔、一张纸就能够较快地跟随思维的变化，将头脑中的点点滴滴记录下来并随时修正、演进草图是人脑综合其知识经验对于设计内容的理解，也是设计师个人审美情趣、设计理念的反映（见图3-15）。设计草图有以下几点作用：

1.能够将设计师头脑中的思维以直观的、具体的形象表达出来。设计师构思时所画的草图，哪怕是粗略的线条，不确定的体块，落实到图示表达上都要比头脑中的意象具体。这使得思维的发展与完善就有了物质基础，思维中的形象也不至于转瞬即逝。

2.将思绪中不断变化和发展的信息共存于一张草图上，成为设计思维发展的参考资料笔记，这样构思中的闪光点就不会被遗漏。

3.使设计思维的内容经由整体——局部——整体，一个层面接一个层面地逐步被表现出来；同时随着"认识"的提高，草图也使设计师有机会重新审视自己的"设计思路"并且对先前的设计构思作必要的补充与调整。

4.设计师与他人之间进行交流的设计语言。

（二）计算机辅助设计

计算机辅助设计是指以计算机为辅助工具，来追求设计中存在的错综复杂问题的合理解决方式。设计既是一门艺术，又是一门科学。在计算机时代，计算机辅助设计使两者完美地结合。首先，计算机辅助设计将设计者从繁重的绘图过程中解放出来，集中精力进行设计创作，使设计作品能综合造型、结构、工艺、材料以及经济等多方面的因素，谋求设计方案的最佳化。其次，计算机辅助设计也使传统的设计理念及工作方式受到冲击。它的强大功能使得它在综合图示表达与模型表达的双重优点上显示出巨大潜力，它

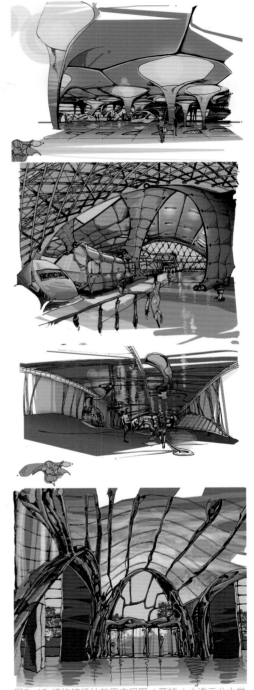

图3-15 博物馆设计效果表现图 / 薛楠 / 大连工业大学 2005届

使二维空间与三维空间的自由转换成为现实。其在构思阶段多方案的比较推敲中，利用计算机可以从多种角度对设计进行处理与表现。如建立计算机模型，可以从全方位对其进行任意察看，还可以模拟真实环境和动态画面，使得空间感觉、形体关系等一目了然。计算机能够激发设计者的创作灵感，成为获得全新的造型的有效手段。环境艺术设计的创新可以从科学技术中寻找和捕捉创作灵感，在艺术与技术相结合的过程中寻求全新的构思和创意。

计算机技术给设计师开辟全新的创意途径。
1.编辑功能：在设计过程中，我们时常需要将注意力集中于项目的某些特定问题上，例如构造、形式以及空间效果等。为了突出设计重点常要用到以下两种方法：一种方法是将其余部分简化，详尽描绘所要突出的重点；另一种方法是将要突出的部分从整体中拉出来，以简单的笔触描画与其他部分的相互关系。计算机的这种强大的辅助编辑功能可以将主体分解，可以展示设计内在的思维逻辑。这种突出侧重点的编辑方式还有局部化、骨架化、透明化等方式。
2.视图转换：在计算机辅助设计中，设计软件可以帮助设计师实现各种视图效果的直接转换功能，例如在3Dmax中，顶视图、左视图、侧视图以及透视图之间是可以随意转换的，这有利于设计师对于总体设计的把握。近年来随着计算机辅助设计技术的不断成熟，动态图像这种表达手段在设计构思阶段也得到了应用。它主要是用计算机在建好的三维空间模型内，模拟人们走进这个空间后移步换景的观感，从而更生动形象地辅助设计师的设计进程。在未来的设计领域，这种生动、形象、直观的表达方式的应用应该会更加普遍，并为设计师所喜爱。

计算机辅助设计具有很强的直观性，它具有模拟三维空间及各种设计要素的功能，人们

甚至可以直接通过计算机模拟出设计项目完成后的准确形象。它还可以对空间进行真实的模拟，对质感、色彩、材质等淋漓尽致地表现，还可以通过计算机辅助设计来进行动画图像制作，这使得表达效果生动有趣。计算机是新技术的代表，它在设计领域的应用，给设计领域注入了新鲜的血液，同时也带来了设计方法和思维的变革。相对于传统的徒手图式语言来讲，计算机对设计中的各种要素的把握和控制具有很强的准确性，无论是绘制平、立面图，还是对三维空间的模拟，计算机都可以很准确地给出设计中所需的数值及对应的比例关系，这要比其他的表达方式方便得多（见图3-16）。

（三）构思模型

我们进行设计的最终目的是三维空间中空间和实体的实现。但是目前整个设计过程还是以图示表达为主，从草图到初步设计图再到施工图，最后依据施工图进行建造。这一过程最大的不足就是从头到尾的表达都存在于二维空间中，最终在完成二维空间到三维空间的转换中，总有一些意想不到的问题出现。由于模型表达较之图示表达更直接近于空间塑造的特性，模型表达可以更直观地反映出建筑的空间特征，更利于促进空间形象思维的过程。所以在设计过程中运用模型表达可以有效地解决设计中遇到的问题（见图3-17）。

构思模型主要由手工制作，与表达模型相比，它方便灵活、易于操作，这使得国内外许多设计师和事务所都运用模型这一方式来弥补二维空间表达三维空间的不足。例如，艺术建筑师哈罗德·林顿(Harold Linton)解释说："由于第三维空间引入了物体的深度，建筑师在设计三维空间结构时，必须认识到大量的视觉之间的相互关系。模型的深入推敲可使建筑体的各个角度都能更准确地观察到；模型是将我们引入复杂视觉天地的有效

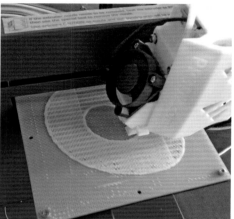

图3-16 轻轨站设计 / 3D模型打印 / 常鑫、靳野 / 大连工业大学环艺091

图3-17 环球艺术展览馆（建筑模型设计）/ 刘林林 / 大连工业大学2012届

工具。"模型的制作有很多种材料，如橡皮泥、纸、硬泡沫、木材、石膏、玻璃、金属等，不同的材料可以体现不同的艺术效果。在设计过程中，模型作为基本工具来再现造型。制作模型可以使人们更接近设计想法的实际，除此以外，模型还可推进创作过程，直接将三维空间完整地展现出来。因此，我们认为模型表达可以作为构思阶段思维表达和方案探讨的重要手段来使用。

模型作为设计师思考的工具，与其他形式相比具有不确定性与不完整性。设计中遇到的问题可以随时在模型中得到诠释和验证，并及时进行修改、校正。这种不确定性与不完整性是设计师设计思维进展的原动力。与图示表达相比较，模型的表达在视觉效果上具有更强的直观性。在利用模型进行方案推敲时，感觉更加直观、真实，更接近于设计构思的实际建成效果。由于模型使用简易的形象表达复杂的构思内涵，所以抽象性是构思模型的特点之一。

任何一种设计表达方式的应用，其根本目的都是为了促进设计师的设计思维进程从而实现设计作品。对于一个设计师来说，总想寻求对一个设计的新的解答方法，这就需要进行创造性的思维。直接感受、刺激、偶然性发现、思考在创造性思维中显得尤为重要，而方案设计阶段则使上述几方面能贯穿在一根线上紧密联系起来。

三、方案设计的表达特点

设计本身是一种创造性的思维活动，设计的过程也就是这种创造性思维通过各种方式和手段不断物化的过程。从开始的概念设计到方案设计的不断深入和完善，以至最后的设计成果的展现，都是思维从模糊到清晰、从混沌到具体的蜕变过程。

（一）保持开放性

在方案设计阶段，表达的开放性特点是显而易见的，这种开放性也不是单纯地指表达方式的层面，同时也包含了思维的开放性的含义。思维决定行动，设计思维的开放性导致了设计表达的开放性；同时表达的开放性特征又揭示了思维的开放性。整个设计过程中，在方案设计阶段的设计思维是最活跃的，随时保持着接纳新的想法和观念的可能性。这种开放式的构思阶段的表达具有生动性，它是指由于方案设计是一个不断发现问题，不断解决问题的过程，在解决多矛盾的同时，思维在逐渐地成长，这就意味着方案设计的表达具有不确定性，即随时可以进行更正和修改。

在各种表达方式的应用中都可以体现出开放性的特点。草图作为该阶段图示表达的辅助，这时它的表现性还不强，草图的绘制也较随意。以表达瞬间的思维状态为目的以便更好地推进方案。草图中往往有很多不确定的线条，整个草图具有很强的开放性（见图3-18）。需要指出的是，草图中用笔重复较多的地方一般是思考最多的地方。这也是保持思维开放性的一种主动的方法。用笔重复多，则使得该处问题模糊性有所增加，而模

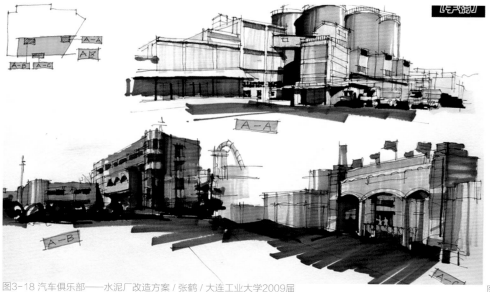

图3-18 汽车俱乐部——水泥厂改造方案 / 张鹤 / 大连工业大学2009届

图3-19 红酒会所设计 / 宁少林 / 大连工业大学环艺085-12

糊性、不确定性的出现正是进一步需要着力处理的地方。这也是草图提示思考难点并促使难点"物态化"的主要原因和有效的手段。当然，运用模型研究方案时也会有同样的效果。

计算机表达在这个阶段的开放性主要表现在它为方案的比较、推敲提供快速有效的方法。它可以通过建立粗略的线框图来显示构思，模拟人的实际感受并对设计做多角度的分析（见图3-19）。

设计阶段的模型表达在这个阶段也主要表现出开放性的一面。通过制作大量的工作模型来直观地显示各种设想，从而为推敲空间关系、周围环境的关系以及体量、色彩、材料等提供依据。模型表达可以根据需要解决的问题而做。如为了解决体量及形体问题，则可以用体块做大致的切割而不必做得过细。如需要探讨某一局部的问题，也可以做局部的大比例模型来研究，而不必费力地去做整体的模型。

（二）注重启发性

方案阶段的思维特点决定了各种表达方式的特点。思维在方案设计阶段一直处于活跃的状态，并且因为所处的设计阶段是设计不断成熟和完善的过程，所以各种因素都是可变的、不确定的。

设计中的各种表达方式都是具有启发性的，比如说设计师的徒手草图，它的模糊性和不确定性使得每一位观赏者都对其有自己的诠释和理解，而正是这种种的不确定因素对设计师的设计思维是一种激活，一种启发。它包含着很多种的可能与不可能，给予了设计者无限的遐想空间。计算机优于人脑的强大的空间、形态等计算功能对于设计师的构思具有很强的启发性（见图3-20）。计算机辅助设计带给设计师的启发总是令人兴奋不已。模型表达方式的启发性在于设计者亲自动手制作模型的过程中对设计构思的不断玩味和深化。当你为了一个设计中的问题不能够得心应手地解决而眉头不展时，随手捏来的橡皮泥模型可能就是你渴望已久的答案。

（三）激发创新性

设计是文化的重要组成部分，设计和其他文化产品一样是通过作者的智慧、知识，创造具有个性的新事物。设计过程不是对已有作品的简单重复，也不是对已有作品的机械模仿，而应通过作者的构思，并运用设计科学的知识、语言、技法等手段创造出与众不同的新方案。可以说设计的最重要特性就是创新，就是具有个性，正是设计者的创新精神推动了整个设计历史的进程。无论结构的创新、形式的创新还是技术以及表达方式的创新，都是促使设计永不停止前进的脚步、永远年轻和充满活力的因素（见图3-21）。设计师要有创新的思维才能成为合格的有创造力的设计师。要知道，一位有创造力的设计大师对发明和发展新思想的重视要远比建立永恒的"典范"更强烈。因为人类社会的不断进步正是通过不断的创新和发展来实现的。

图3-20 负空间概念餐厅设计 / 李静 / 大连工业大学环艺085-21

图3-21 红色革命主题餐厅 / 康红 / 大连工业大学环艺085-10

第 三 节

方案设计的策略

/ 方案设计演示策划
/ 方案设计的汇报

本节通过对方案设计的演示策划、成果汇报的学习，让学生了解方案设计阶段表现与表达的相关策略。如何利用有利的条件，采用何种有力的表达方式是这节的学习重点；策划时间、空间、情感，调整各种影响表达的因素，使方案汇报准确、清晰，简洁有活力地展现，融洽地交流、快捷地反应以取得最佳汇报效果是本节的重要学习内容。

在方案设计阶段中，一切有利于思维的表达方式都可采用，并要充分发挥和利用各自的优势来表达设计师的构思。在这一阶段，表达一是用于与他人进行交流，二是促进设计师"自我"思维的完善，因此表达要突出设计问题的重点，还要具有开放性的特征。

在整体设计中，还可以按思维发展过程将其分为：概念性思维、阶段性思维、确定性思维。每一种表达方式，都可应用于这三个阶段。在概念性设计阶段，设计徒手草图是一种最常用的表达方式，它很少受外界条件的限制，随意性很强，能比较直接、方便、快速地表达设计思维，最大限度地缩小设计师的思维与表达结果的"误差"，更有利于捕捉灵感，推进设计进程。在这个阶段中还可辅以设计草模、计算机等方式。在阶段性设计中，则更多地选用计算机模型来弥补图示二维空间的局限，可利用直观性、真实性进行多种方案的比较、分析及评估，并有利于探索方案的可行性。在确定性设计中，更多地选用计算机表达，它可以从不同的观察点、不同角度对确定的设计方案进行分析研究，对其设计空间、组织以及细节做进一步的推敲，并逐渐地完善设计方案。

设计师进行一项设计任务，从设计伊始到最后的设计成果表达，都应对他们所致力的设计方向和目标有所了解。如设计目的是参加设计竞赛还是实际工程项目，其表达策略就有一定的差别。一般方案设计分为真实的功能性很强的具体工程项目设计和抽象的概念设计，而方案的常规思维主要是从抽象到具体、从认识到概括、从象征到实际的三个思维过程。方案设计，主要是通过设计达到交流思想理念、发展思维的目的。

环境艺术设计创作思维的成果表达方法是多种多样、因人而异的，因设计意图和内容的不同而不同。我们不仅要借助于图示、模型、计算机的一般方法和特点来推进思想进程、加强设计表达力度，还要针对自己的设计构思和习惯，采用创造性的方法去加以表达。同时，我们可以看到选择恰到好处的方法，对设计成果的表达和交流有着举足轻重的作用，我们应该为此去努力，因为这也是体现主体创造性的一部分（见章尾图3-26、27、28）。

一、方案设计演示表达策划

在方案设计成果表达的全过程中，为了使设计以最优的效果表达出来，设计师不会仅局限于某一特定的表达手段，往往采用的是多种表达方式的综合。这其中可能会包括图像表达、多媒体演示、文字图表或是语言表达等。当面对由众多的表达方式所承载的丰富的设计内容时，设计师是否能够清晰有序地向业主传达设计的主旨以及各方面的细节，就成为设计能够得到业主的认同并获得最终成功的关键问题之一。

方案演示策划是指在方案演示前对方案设计成果的一个系统的编排、制作。它与广告的策划内容虽有很大的差异，但它们却有着同样的目的——通过演示活动去传递自己想传达的信息。具体来说是在明确目的的前提下，通过对资讯的分析，确定主题，对信息重新梳理、组织，并在此基础上进行策划制作，满足业主需求，由此激发对方的"购买"行为。演示策划的过程也可以理解为对展示内容的重新过滤和重新编码，通过对编码后的信号进行放大再传递出去，这也就是一个系统化的处理和设计的过程。对环境艺术设计的方案演示策划而言，它是设计全过程的一个阶段内容所具有的特殊作用，有时会比设计主题所要表达的信息更为有力。演示策划的目的也就是将设计成果以一种清

晰、有序并富有感染力的形式展示给业主，并积极地引导业主按自己设计的流程来解读设计成果，最终达到采纳的目的。对方案进行演示策划是使设计师有效地跟业主交流的手段。我们要认识到方案成果表达中的演示策划，并非是成果的随意叠加，而应当把它作为一个设计的问题来对待。它也应按照设计程序的步骤进行，必须经过构思分析和复查核定后才可进入演示策划的制作。

1.演示策划设计的原则
一个成功的演示策划设计应该是真实性与艺术性的完美结合。应做到简洁明了、协调连贯，但又不能平铺直叙，总体可概括为简洁、有力、易懂。简洁，是指方案演示的主题，要高度的概括、精练、有力，要注重方案演示的质量、功效，通过演示策划达到有效地传递方案设计信息的目的。易懂，由于观看的一方可能并不具备相关的专业知识，这就要求演示策划设计的形式要易于理解，并具有较强的可读性。

2.演示策划的构成要素
演示策划设计的构成要素主要是指方案演示时所选用的表达方式，如计算机、模型、动画等。而要素的构成要充分地考虑业主的需求及设计项目的侧重，来确定方案演示中所采用的媒介。如对景观设计来说，要想着重表达在景观内行走时所带来的感受时，我们可能会采用动画或一系列透视图来展示，给人以一种历时性的观赏。而当要强调形态体量、空间关系时，则可能会选用模型或是轴测图来表达。

3.构成要素的配比
一个设计方案在最终表达时，设计师可能会采用多种表达方式，这时就需要考虑各种表达方式在方案演示中的比重，设计师应根据项目及业主的需求，选一种主要展示方案的

媒介，来达到理想的效果。如安德鲁设计的中国国家大剧院，由于他所设计的建筑外形是极少主义简约观念的，并具有雕塑感的玻璃蛋，通过水体、绿化与建筑的有机结合，营造出了梦幻的意境。但这很难使人们想象它将如何与周边的中国传统建筑相融合。在方案竞标中，安德鲁主要采用了动画演示，通过对建筑各个角度的观察，充分地展示出建筑与整体环境的关系，消除了人们最初的疑问，赢得了方案竞赛的成功。

4.组织方式

方案设计的成果表达是多种表达方式的综合运用，如何有效地组织它们的关系也是演示策划的一项内容。在设计成果演示中，如各种媒介毫无主次地排布，并将众多的信息同时传达给业主，那么再优秀的设计最终也只能由于演示策划中对组织信息的疏漏而受到影响。一定的组织序列可以将人们所看到的信息在意识中保持很好的连续性，这就要求设计师在演示策划中将各种媒介按设计的需求，有秩序、有侧重地排布。这样业主在解读信息时能够领会设计的焦点所在。

5.演示策划过程中的影响因素

在分析编排演示策划内容的同时，还需考虑的外界影响因素有：交流对象的专业状况；演示内容的数量；演示空间的布局也会影响到演示方式的选择；时间以及经济的限制也是需要考虑的问题等（见图3-22）。

图3-22 方案设计在不同环境下的不同展示方式 / 大连工业大学艺术设计学院展厅 / 2013

二、方案设计的汇报

环境艺术设计的发展，向设计师们不断提出新的挑战。在不断提高设计能力和技术的同时，还要选择最优的媒介与客户进行交流。表达作为一种传递信息的手段，它的方式很多，其中包括图示表达、语言表达和肢体语言表达。而在方案设计成果汇报时，就要将这些表达方式综合使用，有效地将设计师的思想观念传达给业主，使设计获得最后的成功。

(一)方案汇报的目的

在方案汇报时，交流所强调的是信息传达者与接收者之间的交流环，目的就在于获得最佳的效果。与设计过程中的交流不同，设计过程中的交流目的在于激活思维、创造性和启发性。而在设计成果表达阶段，设计工作已经基本完成，我们交给交流对象的是一份完整、正式、确定的设计文件，由于对方也许并不具备相关的专业知识，解读图纸信息时，也许会遇到障碍或有所误解，那么方案汇报中就需要设计师应用语言表达和肢体语言表达来帮助客户或听者理解自己的设计思想及解答对方提出的问题。这样做的主要目的，就是更加清晰地为交流对象解析设计理念，通过语言对设计成果进行装饰，提高设计的品味，使其对交流对象更具有影响力，最终得到对方的认同，成功地将我们的设计理念传达给对方。

(二)方案汇报的影响因素

为了在方案汇报中取得成功，有效地交流信息，就要了解交流过程中的具体影响因素。信息交流的主要组成要素有：信息传达者、信息接收者或听众、信息传达媒介和有关的其他作用因素。在方案汇报过程中，信息传达者就是指设计师。设计师要将自己的设计理念通过各种手段和媒介传达给业主。接收

者或者听众，指的是我们信息的交流对象，在方案汇报中，接收者分为专业人士和非专业人士。我们要根据接收者的不同性质，对我们的汇报进行有针对性的修改。信息传达媒介，指的是我们传递交流信息的方式和工具。如图示、幻灯、语言表达等。其他作用因素可能包括：方案汇报的地点、周围环境、时间等。

(三)方案汇报的特点

由于方案汇报不同于方案设计过程中的交流，其具有以下特点：

1. 准确——准确是表达的最基本要求，方案汇报也必须符合这一特点。一个设计在最后方案汇报的时候，如果表达不够准确，往往会使整个设计受到质疑，表达也就会陷入困境。在汇报中，造成不准确表达的原因可能有以下几种：数据不足、资料解释错误、对关键因素的无知、没有意识到的偏见以及夸张等。

2. 清晰——为了更加准确地表述设计思想，清晰地表达是非常关键的。实现清晰要求逻辑清晰和表达清晰。这种清晰来自于精心的准备。为达到清晰的目的，设计师必须认真总结、理解和组织。

3. 简洁——冗长繁杂的表述过程容易给人带来厌烦的情绪，可能会给原本良好的设计思想打了折扣，所以良好的设计表达要追求简洁。无论是同专业人士还是同客户进行交流，简洁都是一个基本点。没有人喜欢不必要的繁琐的沟通。

4. 活力——活力也是方案汇报的重要特点，有活力就意味着生动有趣和容易被记忆。生动的表述过程，非常有助于体现设计师本人的独特风格，传递信心和决心，同时也会给

对方留下深刻印象且使设计更加容易被理解。但是要注意生动并不是能说会道，而是一种设计激情的体现，是理性和感性良好的结合与交融。

5. 交互与快捷——融洽地、准确地交流双方的意见和观点，这也是使方案汇报取得最佳效果的一个基本特征。

(四)方案汇报的方法

方案汇报的程序依不同情况而定，然而陈述的战略则可以总体归纳为以下几点：

1.引起注意

以生动、具体的比喻开始。如果能找到一个方法将设计论证浓缩为一幅难忘的图画——用语言或图表——这就能吸引对方的注意力。如以一幅房顶积雪的图形来引出设计思想。这是我童年感觉最美的场景。这样一个开头成功的关键是构思一个可见的和感人的图景，让对方置身其中去感受。用新视角解释已为人熟知的信息，能立即获得他们的尊重和注意。如做宾馆室内设计，首先问一问对方代表"如果你们是客人，首次进入大堂是否能够很轻易地找到进入客房的电梯"，自然引导出人性化设计的思路。

2.吸引注意

对将发生的事引起兴趣，然后继续吸引对方的注意力是至关重要的。根据对某一特定个人的影响来描述一个建议或形势最能给人以深刻的印象。例如，设计师可以描述他曾怎样抱有与听众同样的观点以及导致改变观点的一系列事件。有时，叙述中的主人翁应是某一个——例如，对方的代表人物或将会因设计建议被采纳而受影响的顾客。

3.得到结论

一个成功的结论让人感到是必然的、完整的

和预料之中的。它是从先前的信息及形象的描述中提出清晰的解决方案以及可信的行动步骤。构成能产生最大影响的结论的基本原则如下：第一，制造一种表达结束的坚定感。当对象们认识到即将结束时，他们的注意力就会更集中。要利用这一点，就需清楚地标明结论。如在结束时，展现的仍是设计细节，往往可能仅让对方得出细节好而整体一般的印象。第二，表述随后的行动步骤。大多数设计沟通要求形成一个采取后续行动的建议。一旦已使对方相信了设计的优点，就应向他们展示实现设计所必要的具体行动。这能使他们确信设计师所希望的不仅是值得向往的，而且是能够实现的。对产品设计而言，客户最担心的是造型好看，但生产不出来。设计师对后续行动的安排，将有助于对方树立信心和产生信赖感。

(五)方案汇报的技巧

如何通过方案汇报取得预期的效果，汇报过程中的表达是非常重要的，这就需要我们靠着敏捷的反应力，运用高超的语言表达技巧，来提升方案汇报的说服力和效果。那么我们就来介绍一些常用的技巧。

1.内容

由于涉及专业知识，所以在所有技巧中，对表达内容的把握是最为重要的。

首先是用词，用词要简洁，用新鲜的词汇来代替陈词滥调，不要用那些套话来给观者催眠；要将专业性与人情味相融合，用词的专业性能为你赢得信任感，而人情味能使你显得平易近人；学会适当运用具体的描绘向观者展现设计中一幅幅生动的画面，给观者身临其境的感受。

第二是合理安排时间，认真编辑讲稿。没有人愿意听一个冗长乏味的汇报，将自己的观点精简成为几个关键点，搭建基本的框架，清晰明了的介绍会给听者留下深刻印象；如果制作了多媒体幻灯片，讲稿更应该配合幻灯片进行。

第三是内容的针对性，提前了解方案汇报的对象的相关信息，是否是专业人士，根据他们的具体特点，对汇报中的用词、举例等进行调整，甚至根据不同的要点准备几个不同版本，以应对汇报过程中可能发生的各种变动（见图3-23）。

2.风格

大方稳健的个人风格，有助于发挥个人魅力，提高亲和力；适当的幽默感，抱着自然的心态逗乐观众，也可以提高你的亲和力；可以采用多种多样的方式对设计进行讲解，同时采用个性化的风格来吸引听者；表达的过程中，采用不同的手法，如比喻、对比，将数据更加直观地展现给听者等，也都能达到良好的效果。用词坦率，出言诚恳，感情充沛也都能对表达起到辅助作用。

图3-23 设计方案探讨 / 设计工作组 / 2012

图3-25 课程设计方案的交流 / 大连工业大学 / 2013

图3-24 刘林林同学讲解毕业设计方案 / 大连工业大学 / 2012

3.声音

方案汇报是用语言来对设计进行讲解，那么，声音就成为影响表达质量的一个重要因素。关于声音要注意哪些呢？

首先是音量，声音可以增加动力，音量的大小决定着吸引注意力的多少，把嗓音提高，就像要让声音穿透最后一排一样，声音的质量就会随之提高，而且声音可以带动我们的动作，虽然柔声细气的人也会使用一些手势，但是说话声音越大，要求的精力就越多，精力越旺盛，动作幅度就会跟着加大，而用动作来强调观点会显得非常自然。

第二是音质，音质指的是说话声音的特点，好的音质能给我们的表达增色添彩。影响音质也许是因为很多发音上面的缺陷导致的，可以有意识地纠正这些缺陷。深呼吸有利于改善音质，一般来说，你呼吸得越深，声音听起来就越好。

第三是音调，也就是声音的"高"、"低"，这主要取决于你声带的紧张程度，低沉的声音能显示力量、权威与自信，而又高又尖的声音则会显得紧张和不安；抑扬顿挫的音调可以吸引观众的注意力，一成不变的声音很容易使人疲乏。不断变化你的声音，才能使观众不断地投入进来。

第四是语速，说话的语速显示了你汇报过程中的步调，过快还是过慢并无对错可言，我们只需要知道语速能帮助你达到要表达的效果。较快的语速显得充满活力，能抓住观众的注意力，使他们不会错过你要讲的内容，而语速较慢能够渲染气氛，突出重点，并给予观众思考反应的时间。与音调一样，达到良好效果的关键在于变化，通过调整语速来达到不同的目的，突出我们表达的主题。

4.动作

动作也就是人的肢体语言，是人互相交流信息的另外一个媒介，在方案汇报过程中，同样占着重要的地位。动作可以吸引人们的注意力，适当的肢体语言可以增加表达的生动性，在汇报过程中，我们要注意自己的肢体语言，清楚自己的肢体语言所表达出来的含义，因为一些下意识的动作都可能对我们的表达造成影响，我们的肢体语言一定要与我们正在表达的内容相一致，当我们所说的话与非语言表达(眼神、姿势、表情、动作)不相符时，肢体语言往往会胜过我们的言语（见图3-24）。所以，了解一些通用的手势、表达习惯和姿势的含义，是非常重要的。无论你的姿势如何，都应该本着三个主要目的：放松紧张的情绪、吸引并抓住听者的注意力、强调你的设计思路。总之，动作的恰当与否是至关重要的。那么，如何打破坏习惯，养成好的习惯？那就要有意识地去努力改正，比如站在镜子前面练习，这样能够确保你的表情自然与手势恰当。不断完善你的表情、声调和肢体语言，使它们与你的汇报内容相辅相成，更好地发挥作用，才能达到理想的效果。

5.眼神

眼神可以搭起沟通的桥梁，我们可以通过眼神向人们传达对他们的关注以及我们诚恳的态度。大量的事实证明眼神在交流中起着重要作用。我们的汇报是否成功，眼神交流的效果是至关重要的。以下的"三要"、"六不要"是我们值得注意的问题。

"六不要"包括：

（1）不要只是盯着一个人看，千万不要只盯着决策者看，这样会给其他听者传递他们无足轻重这样一个信息。

（2）不要让眼神彷徨四顾，仿佛你不敢看别人的脸。

（3）不要总是盯着你的讲稿、电脑屏幕。

（4）不要死板地朗读，这样将没有时间去看听者，要学会脱离讲稿。

（5）不要将目光绕过、越过听者，或投注在他们的头顶上。

（6）不要离他们太远，要让他们看见你的表情。

"三要"包括：

（1）要把你的设计观点传达给在场的每一位听者，关注每一位听者，用目光锁定他，述说设计，然后再把目光转换到下一个人。

（2）要偶尔环顾整个房间，将所有的听者都扫视一遍。

（3）在陈述一部分内容的时候，面向一部分听者，一个部分结束再转向另外一部分，选择其中的一些人作进一步的眼神交流。同时，我们也可以用眼神来作为划分，控制现场节奏，给听者思考的时间。

6.注意听者的反应

在方案汇报中，我们的听者也许是设计的委托人，也许是投标过程中的一些专业人士，他们多对我们设计最后是否能够被采用起着决定或影响的作用，所以他们的反应如何，如何根据他们的反应来修正自己的表达方式，就显得尤为重要。当然，我们首先要假设所有听者都是非常友好的，这样有利于我们放松心情，使汇报更加顺畅。注意他们的肢体语言，沉默或者皱眉，是表示厌倦还是表示正在沉思，或者同意你的看法（见图3-25）。通过适当的眼神交流，与听者建立一种无形的联系，既能了解他们的反应，又能传达我们的信心和诚意。将听者进行分类，通过他们的表情和动作，了解他们是保持怎样的态度——支持、犹豫不定、抱着否定的态度，还是已经表示厌烦——这样我们就能针对他们不同的态度，采取不同的应对措施。在汇报过程中，要适时地停下来，给予听者思考的时间，回答他们提出的问题，甚至在你表现幽默感的时候，留给听者回味的时间等。当我们有幻灯片放映的时候，一定要从听者的角度出发，站在屏幕的左侧，因为你无意间的遮挡，很可能影响了听者对屏幕的观看，甚至影响了他们的心情。当现场的听者对我们的表述和设计表示明显的反对时，要倾听他们说完，承认他们的立场，针对他们的异议对设计进行进一步的讲述。

7.外界因素的干扰

外界因素指的是交流过程中，环境、时间等因素可能对我们的汇报所造成的影响。在汇报中可能发生的影响因素有两个方面，一个是汇报所用设备故障，以及对设备的操作不

够熟悉所造成的影响；另外一个是外部环境、意外事件对汇报所造成的干扰。

解决第一个问题的关键就是熟悉我们所要使用的设备，如麦克风、投影仪、电脑中的程序等，对所要放映的幻灯片操作进行反复练习，并在事先做好备份，手提电脑保持电源充足。提前到达汇报地点，做好不能应用幻灯片的第二手准备。为意料之外的各种设备问题准备好相应的笑话来缓解尴尬气氛。

解决第二个问题的方法，就是事先熟悉周围环境，安排好家具设备的朝向，搬走多余的椅子，注意房间的位置、座位的安排等。但

是有一些意外是无法预知的，如听者临时的突发事件，或者一些外因造成的汇报中断等，出现这些问题的时候，我们要放稳心态，灵活应对，把心情放轻松，利用我们前面介绍的各种技巧，将汇报的气氛重新带动起来，不要受到突发事件的影响，这样才能使汇报取得最佳的效果。

相关设计案例展示（见图3-26、27、28、29、30、31、32、33、34、35、36、37）。

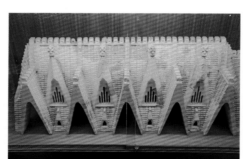

图3-26 圣家族大教堂模型及图纸展示 / 西班牙巴塞罗那 / 2012

图3-27 圣家族大教堂工作室展示 / 西班牙巴塞罗那 / 2012

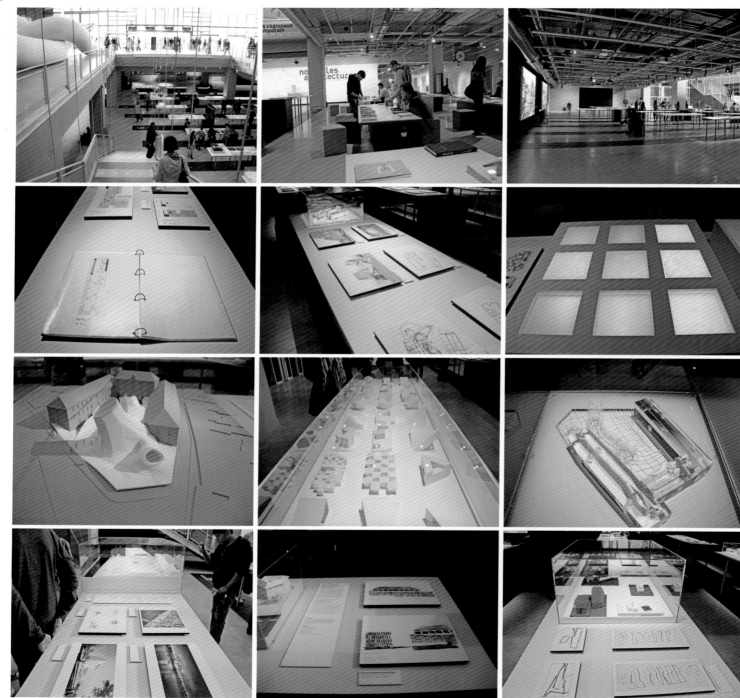

第三章 室内环境方案设计的表现与表达

图3-28 蓬皮杜艺术中心建筑学院学生作品展 / 法国巴黎 / 2012

图3-29 规划景观动画 / 杨智鹏 /
大连工业大学艺设001-07

图3-30 圣家族大教堂工作室展示 / 张继东 /
大连工业大学环艺99

图3-31 交通临时空间设计 / 陈罡 /
大连工业大学艺设024-01

图3-32 监狱 / 赵欢 / 大连工业大学环艺99

图3-33 流动·生成文化艺术中心设计 / 刘慧珺 / 大连工业大学环艺094-19

图3-34 交互办公体验馆设计 / 孙校泽 / 大连工业大学环艺094

图3-35 云端艺术中心 / 于琪 / 大连工业大学环艺094-08

图3-36 剑影·侠梦中式别墅空间设计 / 苗德星 / 大连工业大学环艺096-12

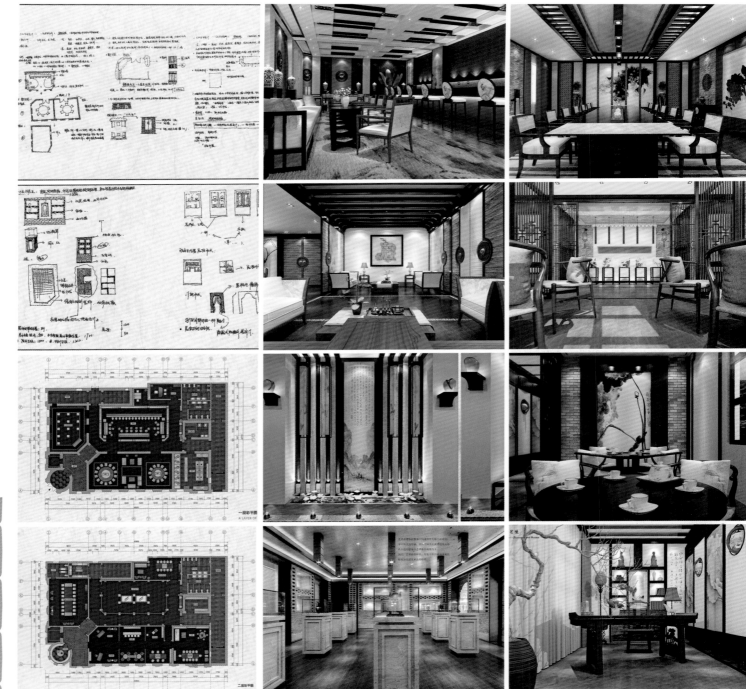

第三章　室内环境方案设计的表现与表达

图3-37 邂逅・意境会所空间设计 / 王丹丹 / 大连工业大学环艺095-22

/ 问题与解答

[提问1:]

请问老师方案设计阶段的设计表现主要内容是什么?

[解答1:]

在室内环境概念设计获得甲方书面确认以后,设计方可以进行深化方案设计,其内容包括设计范围内的各功能区域功能布局平面图、各功能区域的主要彩色效果图,有的也会提供天花布局图等,以便介绍整个室内设计方案的汇报内容。

[提问2:]

设计过程中存在很多矛盾需要解决,在方案设计阶段要如何对设计所给要求做出准确的理解反馈?

[解答2:]

方案设计前期与委托方的沟通所涉及的问题较多,是设计师与委托方建立相互信任的重要过程,设计要求用旁注写出设计构思取向及感受,及时地与委托方进行初步沟通,就风格、定位、造价等方面取得初步共识,某些与委托方要求相违背,难以实施的改动应尽早提出,如展力墙、结构梁柱、卫生间下沉位置的移动,影响建筑外观的阳台、门窗改动,空调外机的悬挂位置、煤气管道、暖气设备等难以包覆的设备等。

关于造价控制,应及早与业主沟通其所能承受的造价范围,以便更准确地做出物料配搭的方案,使设计工作行之有效地开展。通常这个阶段的造价估算都是初步的大范围概算,可以用每平方米多少元的造价进行概算。关于设计工作量及完成时间:除了与委托方沟通关于造价的问题外,应一并提交估计的设计工作量及相应的进度计划列表、服务项目细则。方案设计前准备的成果要求:与设计要求文件类似风格的图片要加以说明。

[提问3:]

如何在方案设计阶段,在作品中表现出独特的艺术创造性?

[解答3:]

设计是一种理性的艺术创造,是一种具有创意目的的想象性计划,既要超前,更要超常,才能真正体现设计的专业特性,传达其独特的创意与构思。

超前,意为设计的理念与手法应具有前瞻性与预见性。由于设计属于产品开发的前期行为,所以设计时应对市场有一定的预期性,更重要的是让人们见到所谓"前所未见"的新款与物品。设计师把对流行与创意的预见通过图纸或实物样品提前传达给大众,以达到引领潮流,倡导时尚的设计功能。超前的设计,常常是"概念设计",预见的是下一周期或下一阶段的设计潮流与时尚趋势,此类手法的设计非常具有时代感,能产生独特的时效性,常常会令人耳目一新,并使人们产生较强烈的向往之感。

由雷姆·库哈斯(Rem Koolhaas)设计的未来居住馆,以全新的设计手法营造了一个简洁、整体的居住空间。空间中墙壁与地面及天花板的界面处于交融与模糊的状态,甚至连家具也在墙体与地面的交汇之中,完全颠覆了当今家居设计的传统"场景",其创意理念、材料的选用以及施工工艺均具有一定的超前性。让人们看过之后,心存期盼。

所谓超常,是指设计的超常规性。常规的设计往往是那些被人们熟悉并了解了的,并被设计师经常运用或习惯运用的设计效果。而非设计师大家"前所未见"的形象与形式。所以,一般只有超常规的设计才能让人们(消费者)产生视觉上的震撼感,使人过目不忘,在愉悦人们精神的同时,打动消费者并使其产生认同感与购买欲。

超常的设计往往是以夸张的造型、不同寻常的尺度、并不常见的色彩搭配、趣味性的图形组合、难以想象的功能变化以及出乎意料的结果等手法来实现,以形成异样的设计风格。解构派设计大师弗兰克·盖瑞(Frank Gehrg)说:"你不能重复旧的思想,成长的唯一路途就是向前走,并且永不回头。"盖瑞的设计作品无一不显示了超常的设计理念,他用表现波折与曲线来突破常规建筑平整精致的细节、局部,他的作品既不附带任何符号性隐喻,也不向历史诉求意义,而是超常规地创造出史无前例的个性语汇体系。从某种意义上说,超常与超前可以被认为是当下设计行为的两大特征,现今的设计只有具有一定的前瞻性与非同性,才能快速地被人们所认同,才能在激烈的视觉竞争中脱颖而出,才能被民众尽快接受,从而实现有效的跨越式的设计进步。

[提问4]:

老师在课程中会对我们设计的各个阶段提出不同的要求，方案设计阶段的排版仅仅是为了漂亮么，方案汇报中排版的作用是什么？

[解答4]:

有的同学在学习中会遇到这种情况："老师在辅导时对我们强调说市场需要好的效果表现，搞得我们班现在都一个劲地拼表现，几乎都不管功能空间了，立面也是只顾看上去比较漂亮就行，我觉得是不是已经走进误区了？排版表现固然重要，但我们学的是设计啊？到底哪个比较重要？"其实排版，作为组织各个部分图纸，使之最有效地表达自己的思维过程，应当值得学生去学习，国外很多大学在低年级开设排版的训练课，不知道为什么国内教育不太重视，变成现在的学生认为漂亮就行，建议有兴趣的同学可以去看看国外大学设计的网站以及学生作业的图纸，很多都是非常漂亮的。话说回来，设计做不好的，图纸是不可能漂亮的，反之，图纸漂亮的，设计却未必是好的。说明通往成功之路，哪个环节都是非常重要以及必要的。

[提问5]:

效果表现图对一个设计的重要性是毋庸置疑的，请问老师效果图表现的目的是什么？

[解答5]:

效果图是设计构思的虚拟再现，对于委托方来说，效果图是理解图纸的其中一种方式。效果图难免与实施后的现实效果会有出入，这是设计师应该预先提醒委托方的。在实际的业务沟通中，效果图只是设计师表现方案的其中一种手法，并不是设计工作的全部，让委托方能直观了解设计构思的综合表现，便是效果图的目的。

效果图作为项目成功的敲门砖，有着直观的沟通作用，它传递设计师的意图及对空间创作的深刻感悟。效果图给人的第一印象源于严谨且合理的构图，视点的选择决定了画面空间的情绪特征。

[提问6]:

设计方案阶段需要我们与他人沟通，向他人阐明我们的设计观点，我们在这个环节往往把握不好，是什么原因导致我们的方案无法成功？

[解答6]:

第一，无法营造出吸引人的气氛
无法成功说服他人的最大原因，是因为在说明的第一阶段就栽了跟头。因此，需要在吸引对方的注意上多下点功夫，要在开始说明前有一份完整的计划。

第二，不得法的说明
一般来讲，说服无法让人理解的原因有二：
（1）说话方式不佳，如声音小、语调平淡、口齿不清、语速过快或过慢、语句间没有停顿、冷场，均会使对方在倾听时变得吃力，从而分散注意力。
（2）条理不清，缺乏逻辑。条理清楚，合乎逻辑的语言就是要将事物的前因后果按照它的发展的时间顺序、循序渐进地说明清楚。

第三，无法给对方留下好印象
一般来讲，无法让人留下好印象的原因有二：
（1）过度使用抽象、专业等晦涩的语言，缺乏适当的举例说明以及辅助资料等。
（2）没有从对方的角度来思考，便完全无从揣测对方的性格倾向及其所想要的东西。你所说明的东西会与对方背道而驰。

第四，没能提示具体的实行方案
说明的第四阶段是成功关键。此阶段，应因人制宜提出具体的解决方案，并打破既有的束缚，灵活多变地提出对方切实可行的最佳方案，完全打动对方。

/ 教学关注点

通过本章学习，学生可以了解到室内环境方案设计的表现与表达对于整体设计的重要性和主体性，通过方案设计阶段的表现与表达成果能够直接完整地反映设计师的设计意图，是对概念设计阶段的深入研究和具体表现，也是为施工图阶段的表现与表达奠定基础。

本章的教学关注点如下：
1. 了解方案设计的概念、意义和多角度设计的标准，根据设计要求和标准制定表现与表达的目标；在满足要求的前提下组织表现与表达的手段以达到较佳的设计目的。

2. 掌握室内环境方案设计阶段的主要表现与表达的内容、形式和特点。通过对设计的理解选择合适的表现形式，发挥自己的表达特点以达到较好的表现结果。

3. 掌握室内环境方案设计的策略，从容面对表达对象，从物理及心理做好充分的准备，策划相应的设计演示情境，准备相应的汇报手段和汇报成果，选择适合的表现形式与表达环境，展示较好的设计成果。

/ 训练课题

一、训练课题目的
根据概念设计的成果，深入研究方案设计内容，锻炼室内设计方案设计阶段的表现与表达能力。

二、训练课题要求
1. 绘制室内方案设计阶段的图纸。
2. 选择适合自己及该阶段的设计表现方式。
3. 整理相关图纸内容，采用适当的表现方式以达到表现目的。

三、训练课题设计表达
1. 根据调研结果和设计任务要求，准备适合的表达形式，手绘效果图注意空间表现效果，通过构图、透视材质表现具体方法展示设计内容；电脑效果图注意模型塑造、材质表现、灯光处理等方法以获得较佳的空间效果。
2. 制作完整的表现图纸，选择适宜的表达场景，营造和谐的表达氛围来取得最佳的表达效果。
3. 选择公共场所公开表达设计内容，在公众面前阐述概念设计内容，锻炼自我的表达能力。

/ 参阅资料

1.《设计表达》，邵龙、赵晓龙 著，中国建筑工业出版社，2006 年 12 月 1 日出版
2.《环境艺术设计表达》全国高等院校设计艺术类专业创新教育规划教材，朱广宇 著，机械工业出版社，2011 年 3 月 1 日出版
3.《图解思考——建筑表现技法（第三版）》，（美）拉索 著，邱贤丰等译，中国建筑工业出版社，2002 年 7 月 1 日出版
4.《设计手绘表达：思维与表现的互动》，崔笑声 著，中国水利水电出版社，2005 年 3 月 1 日出版
5.《室内设计资料集》，张绮曼、郑曙旸 著，中国建筑工业出版社，1991 年 6 月 1 日出版
6.《设计学概论（修订本）》，尹定邦、邵宏 著，湖南科技出版社，2009 年 6 月 1 日出版
7.《室内设计思维与方法》，郑曙旸 著，中国建筑工业出版社，2003 年出版
8.《建筑思维的草图表达》，（德）普林斯·迈那波肯 著，赵巍岩译，上海人民美术出版社，2005 年出版
9.《建筑语汇》，（美）爱德华·T·怀特 著，林敏哲、林明毅译，大连理工大学出版社，2001 年 8 月 1 日出版
10. http://www.baidu.com 百度网
11. http://wenku.baidu.com 百度文库
12. http://www.nipic.com 昵图网

施工图设计阶段包括对扩初设计的修改与补充、与各专业的协调配合以及完成设计施工图绘制这三部分内容。鉴于绘制施工图在整个设计和建造过程中的重要性，在这个阶段需要更多的是严密而细致的工作，是将扩初设计具体和细致化，以求更具操作性。如果说方案设计阶段是突出设计构思的独创性，那么施工图设计阶段则应力求图纸的精确性和可实施性。

施工图设计主要是依据报批获准的扩初设计图，按照施工的要求予以具体化。其中包括修改扩初设计、与各配合专业的协调及完成设计施工图三部分内容。

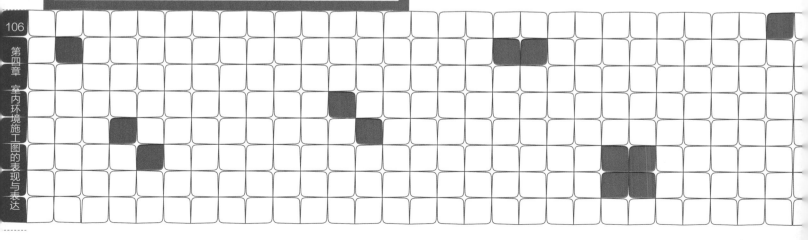

第四章 室内环境施工图的表现与表达

第一节
扩初设计阶段

/ 扩初设计文件编制的目的和要求
/ 扩初设计文件的严肃性和法规性
/ 扩初设计文件编制的特点
/ 扩初设计文件的内容与编排

本节通过对施工图设计的扩初设计阶段的学习，让学生了解扩初设计阶段是方案设计与施工图设计的衔接环节。本节通过扩初设计文件的编制目标要求、内容特点和相关法规的介绍，让学生了解这一阶段的相关内容和主要任务。

一、扩初设计文件编制的目的和要求

鉴于扩初设计在整个设计阶段中所处的关键位置，使其自然成为工程项目审批的主要环节。扩初设计的目的主要是供审批之用，因此扩初设计文件必须经过有关部门的审批才能进入施工图设计阶段（见图4-1）。

为此，扩初设计文件的深度方面必须满足以下要求：
①应符合已审定的方案设计。
②能据以确定土地征用范围。
③应提供工程设计概算，作为审批确定项目投资的依据。
④能据以进行施工图设计。
⑤能据以进行施工招标准备。

二、扩初设计文件的严肃性和法规性

扩初设计文件的严肃性和法规性主要表现在以下三个方面：
①扩初设计文件未经相关部门的审批不予办理有关建设手续。
②扩初设计文件一经批准，不得擅自修改。建设或设计单位确需修改的，则须经主管部门批准。擅自修改建设规模、内容、标准者，将依法予以处罚。
③作为开展施工图设计的主要依据，扩初设计文件均应单独立卷归档、备查。该文件是设计单位技术档案的主要组成部分。

三、扩初设计文件编制的特点

扩初设计文件的编制应注重设计整体的逻辑性和图文的纲要性，在设计文件的构成上则表现为：各专业纲要性的设计说明和图纸表达，辅以工程概算书。

四、扩初设计文件的内容与编排

由于主要设备及材料多在相关专业的设计说明或图纸内交代，三材估算也多在工程概算内列出。因此，扩初设计文件的内容多由设计说明书、工程概算书和设计图纸三部分构成。其编排顺序为：
①封面：写明工程名称、设计号、编制单位、设计证书号、编制年月。
②扉页：可为数页，分别写明编制单位的行政负责人、技术负责人、设计项目总负责人、各专业的工种负责人和审定人——以上人员均可加注技术职称，同时还可排放透视图或模型照片。
③扩初设计文件目录。
④设计说明书：由设计总说明、各专业说明、专篇设计说明组成。
⑤工程概算书。
⑥设计图纸：除各专业的常规图纸外，尚包括必要的设备系统设计图、主要设备及材料表、各类功能分析图等。

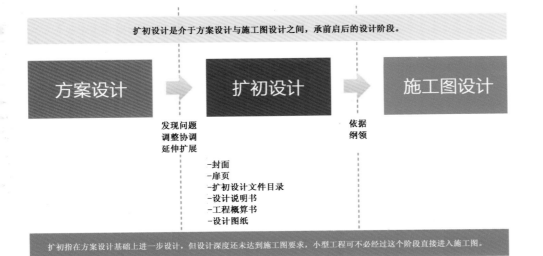

扩初设计是介于方案设计与施工图设计之间，承前启后的设计阶段。

方案设计 → 扩初设计 → 施工图设计

发现问题
调整协调
延伸扩展

依据
纲领

-封面
-扉页
-扩初设计文件目录
-设计说明书
-工程概算书
-设计图纸

扩初指在方案设计基础上进一步设计，但设计深度还未达到施工图要求，小型工程可不必经过这个阶段直接进入施工图。

图4-1 扩初设计与方案设计及施工图设计关系图

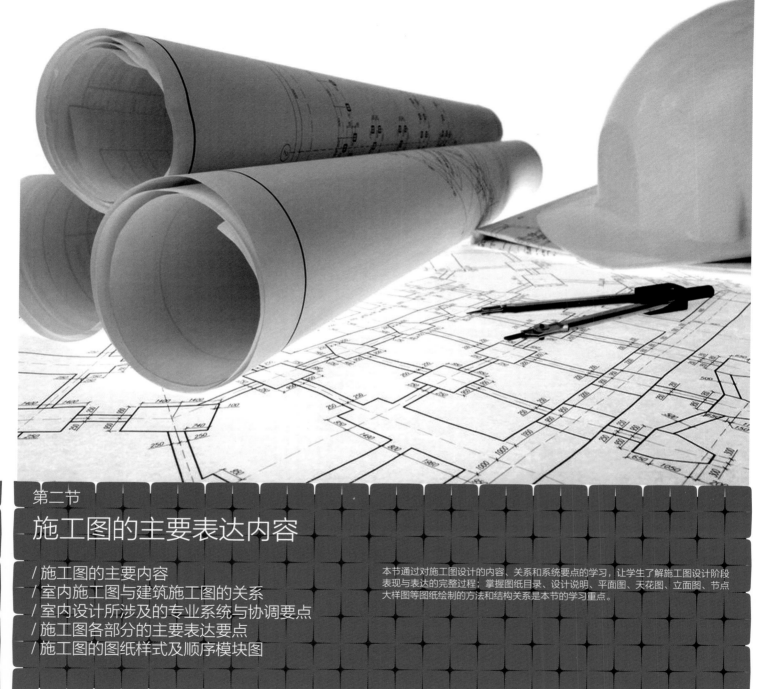

第四章 室内环境施工图的表现与表达

第二节

施工图的主要表达内容

/ 施工图的主要内容
/ 室内施工图与建筑施工图的关系
/ 室内设计所涉及的专业系统与协调要点
/ 施工图各部分的主要表达要点
/ 施工图的图纸样式及顺序模块图

本节通过对施工图设计的内容、关系和系统要点的学习，让学生了解施工图设计阶段表现与表达的完整过程；掌握图纸目录、设计说明、平面图、天花图、立面图、节点大样图等图纸绘制的方法和结构关系是本节的学习重点。

一、施工图的主要内容

（一）图纸目录

列出本套图纸有几类，各类图纸有几张，每
张图纸的编号、图名和图幅大小。如果选用
标准设计图，则应注明该标准设计图所在的
标准设计图集名称和图号或页次（见图4-2）。

工程名称	长江路小学马路操场改造项目B区装修工程	图 纸 目 录		
设计编号	11-50			
序　号	图　　　名	图　号	备　注	
	图纸目录			
1	地下一层平面图、一层平面图	P-1	A2	
2	二层平面图、三层平面图	P-2	A2	
3	四层平面图、屋面夹层平面图	P-3	A2	
4	地下一层天花图、一层天花图	T-1	A2	
5	二层天花图、三层天花图	T-2	A2	
6	四层天花图、屋面夹层天花图	T-3	A2	
7	地下一层铺装图、一层铺装图	D-1	A2	
8	二层铺装图、三层铺装图	D-2	A2	
9	四层铺装图	D-3	A2	
10	儿童餐厅 A/C立面图	L-B-1	A2	
11	儿童餐厅 B/D立面图	L-B-2	A2	
12	教工餐厅 A/C立面图	L-B-3	A2	
13	教工餐厅 B/D立面图	L-B-4	A2	
14	棋类室 A/B/C/D立面图	L-B-5	A2+	
15	男卫生间WC-1 A/B/C/D立面图	L-B-6	A2	
16	女卫生间WC-1 A/B/C/D立面图	L-B-7	A2	
17	洗衣间 A/B/C/D立面图	L-B-8	A2	
18	女更衣室 A/B/C/D立面图	L-B-9	A2	
19	男更衣室 A/B/C/D立面图	L-B-10	A2	
20	建构室 A/B/C/D立面图	L-B-11	A2	
21	感统室 A/B立面图	L-B-12	A2+	
22	感统室C/D立面图 感统室C/D立面扶手	L-B-13	A2+	
23	女儿童卫生间WC-2 A/B/C/D立面图	L-B-14	A2	
24	男儿童卫生间WC-2 A/B/C/D立面图	L-B-15	A2	
25	儿童卫生间WC-2 A/B/C/D立面图	L-B-16	A2	
26	大堂 A/C立面图	L-1-1	A2	
27	大堂 B/D立面图	L-1-2	A2	
28	财务结算中心 A/B/C/D立面图	L-1-3	A2	

工程名称	长江路小学马路操场改造项目B区装修工程	图 纸 目 录		
设计编号	11-50			
序　号	图　　　名	图　号	备　注	
29	教具室 A/B/C/D立面图	L-1-4	A2	
30	网络中心 A/B/C/D立面图	L-1-5	A2	
31	档案室 A/B/C/D立面图	L-1-6	A2	
32	园长接待 A立面图	L-1-7	A2	
33	照片背景墙 A剖面图	L-1-7	A2	
34	电视背景墙 B剖面图	L-1-7	A2	
35	园长接待 B/D立面图	L-1-8	A2	
36	墙面亚克力 A剖面图	L-1-8	A2	
37	托儿班-1 A/B/C/D立面图	L-1-9	A2+	
38	卫生间WC-3 A/B/C/D立面图	L-1-10	A2	
39	托儿班-2 A/B/C/D立面图	L-1-11	A2+	
40	卫生间WC-4 A/B/C/D立面图	L-1-12	A2	
41	园长室 A/B/C/D立面图	L-1-13	A2	
42	教师办公室 A/C立面图	L-1-14	A2	
43	教师办公室 B/D立面图	L-1-15	A2	
44	早教中心 A/B/C/D立面图	L-1-16	A2	
45	保健室 A/B/C/D立面图	L-1-17	A2	
46	亲子卫生间WC-5a A/B/C/D立面图	L-1-18	A2	
47	亲子卫生间WC-5b A/B/C/D立面图	L-1-19	A2	
48	亲子卫生间WC-5c A/B/C/D立面图	L-1-20	A2	
49	早教中心7-12月 A/C立面图	L-1-21	A2	
50	早教中心7-12月 B/D立面图	L-1-22	A2	
51	早教中心25-30月 A/C立面图	L-1-23	A2	
52	早教中心25-30月 B/D立面图	L-1-24	A2	
53	早教中心19-24月 A/C立面图	L-1-25	A2	
54	早教中心19-24月 B/D立面图	L-1-26	A2	
55	早教中心13-18月 A/C立面图	L-1-27	A2	
56	早教中心13-18月 B/D立面图	L-1-28	A2	
57	女卫生间WC-6 A/B/C/D立面图	L-2-1	A2	

111

图4-2 图纸目录 / 大连市西岗区实验幼儿园 / 2011

（二）设计总说明

其内容包括本工程项目的设计依据、工程概况、设计构思及特点、设计规划要求、规模和建筑面积（见图4-3）；本工程项目的相对标高与绝对标高的对应关系；建筑用料和施工要求说明；采用新技术、新材料或有特殊要求的做法说明（见图4-4）、技术经济指标等。以上各项内容，对于简单的工程，可分别在各专业图纸上表述。

图4-3 设计说明 / 大连市西岗区实验幼儿园 / 2011

设计说明（一）

设计概况：
中国大连市长江路小学马路操场改造项目B区装修工程。
建筑面积约为7300平方米。布局为地下一层地上四层。
本设计在不影响土建结构情况下进行室内外装饰设计。
本设计在甲方之要求下进行以下的设计：

中国大连市长江路小学马路操场改造项目B区装修工程做法以下说明：

一、设计依据
1. 建筑设计单位提供的有关建筑图纸。
2. 国家有关建筑装饰工程设计规范、规程。
　　国家有关《托儿所、幼儿园建筑设计规范》（JGJ39-87）
　　国家有关《建筑内部装修设计防火规范》（GB-50222-95）
　　国家有关《建筑装饰工程施工及验收规范》（JGJ 73-91）
　　国家有关《GB-50222-95》设计防火规范》（GB50016-2006）
　　国家有关《自动喷水灭火系统设计规范》（GB50084-2001-2005年版）
　　国家有关《建筑灭火器配置设计规范》（GB50140-2005）
　　国家有关《汽车库、修车库、停车场设计防火规范》（GB 50067-97）

二、设计范围：
室内装饰：地下一层儿童餐厅、教工餐厅、棋类室、走廊、卫生间、活动室、感统室、建构室、男女更衣室、洗衣间；一层大堂、财务结算中心、教具室、网络中心、档案室、院长接待室、早教中心、家长培训中心、保健室、教师办公室、院长室、托儿班、卫生间、走廊；二层幼教教室、活动室、卫生间、走廊、角色活动室、剧院长室、阅览室；三层幼教教室、活动室、卫生间、走廊、奥尔夫音乐室、蒙氏工作室、阅览室；四层多功能厅、小剧场、走廊、卫生间、美术室、世界文化、教师阅览室、天文馆科学发现室、储藏室。

三、设计标高和定位及其他：
1. 本建筑装饰工程设计相对标高0.00为建筑装饰完成面标高，相对与原建筑标高根据不同地面装饰材料相应地垫高。定位详见各部分施工图。
2. 本设计所注尺寸以毫米为单位，标高以米计。

四、防火要求：
1. 根据建筑装饰设计的防火规范要求，在本装饰工程设计中必须按防火规范采用不燃性材料和难燃性材料。
2. 地下一层采用的装饰材料为A级防火标准，地上采用的装饰材料均为B1级以上防火标准；所有地下区域疏散门均采用甲级防火门，所有地上区域均采用乙级防火门；地下一层采用的装饰材料为A级防火标准，地上采用的装饰材料均为B1级以上防火。
3. 为保证消防设施和疏散指示标志的使用功能，设计中消防栓门全部采用醒目易于识别的标志，疏散指示标志设于易于辨认位置。

五、防潮、防锈、隔声处理：
1. 为防止潮气侵入引起木结构变形、腐蚀，建筑内墙、地面层须做防潮层，内墙抹面1：3水泥砂浆，并做防潮处理。
2. 装饰工程钢结构表面须刷红丹防锈处理，螺栓、螺母、垫圈等选用不锈钢件，预埋铁件表面须作热浸镀锌防腐处理。
3. 隔墙轻钢龙骨、空腔处填塞玻璃棉材料，以保证吸音、保温效果，达到行业标准和施工规范。

六、设备安装：
（一）本项目吊顶基底采用U型系列轻钢吊顶龙骨。
1. 吊顶用龙骨、吊杆、连接件必须符合产品技术要求。安装位置、造型尺寸必须准确，龙骨构架整齐顺直，表面必须平整。
2. 龙骨构架各接点必须牢固，拼严密无松动，安全可靠。
3. 个别特殊造型局部采用木结构基底，木结构须按防火规范进行防火处理。

修改记录：

大连建发建筑设计院
DALIAN JIAWA INSTITUTE OF ARCHITECTURAL DESIGN

图4-4 建筑装修材料表 / 大连市西岗区实验幼儿园 / 2011

建筑装修材料表（一）

名称 部位	地面/品牌/规格（型号）	墙面/品牌/规格	天花/品牌/规格（型号）	灯具（油漆）品牌/型号	其它/品牌/型号	备注
地下一层儿童餐厅	高级儿童专用pvc卷材（LG）	大白乳胶漆/多乐士儿童漆	石膏板/1220*2440*12	双头斗胆灯（雷士）	成品实木门	地面pvc材料、乳胶漆等颜色参照颜色及材料样板，所用材料均符合儿童使用环保标准。
		成品pvc踢脚线	大白乳胶漆/多乐士儿童漆	日光灯管（4100k）		
地下一层教工餐厅	高级儿童专用pvc卷材（LG）	大白乳胶漆/多乐士儿童漆	石膏板/1220*2440*12	内嵌式双管日光灯（4100k）	成品实木门	地面pvc材料、乳胶漆等颜色参照颜色及材料样板，所用材料均符合儿童使用环保标准。
		成品pvc踢脚线				
地下一层棋类室	高级儿童专用pvc卷材（LG）	大白乳胶漆/多乐士儿童漆	石膏板/1220*2440*12	日光灯管（4100k）	成品实木楼梯	钢结构表面，成品木楼梯参照颜色及材料样板，地面pvc材料、乳胶漆等颜色参照颜色及材料样板，所用材料均符合儿童使用环保标准。
	12+1+12夹胶钢化磨砂玻璃	成品pvc踢脚线	大白乳胶漆/多乐士儿童漆	LED暖色灯带	成品木楼梯	
	8厚彩色透明亚克力板		枫木清漆板	明装射灯（雷士）	楼梯护栏：彩色防火板	
地下一层活动室	高级儿童专用pvc卷材（LG）	大白乳胶漆/多乐士儿童漆	石膏板/1220*2440*12	日光灯（4100k）	成品实木门	地面pvc材料、乳胶漆等颜色参照颜色及材料样板，所用材料均符合儿童使用环保标准。
		成品pvc踢脚线				
地下一层感统室	高级实木地板	大白乳胶漆/多乐士儿童漆	石膏板/1220*2440*9	日光灯（4100k）	成品实木门	地面pvc材料、乳胶漆等颜色参照颜色及材料样板，所用材料均符合儿童使用环保标准。
		1500*2000银镜		射灯（雷士）	成品实木舞蹈把杆	
地下一层建构室	高级儿童专用pvc卷材（LG）	大白乳胶漆/多乐士儿童漆	石膏板/1220*2440*12	日光灯管（4100k）	成品实木门	地面pvc材料、乳胶漆等颜色参照颜色及材料样板，所用材料均符合儿童使用环保标准。
		成品pvc踢脚线				
地下一层男、女更衣室	高级儿童专用pvc卷材（LG）	大白乳胶漆/多乐士儿童漆	石膏板/1220*2440*12	6寸筒灯（雷士）	成品实木门	地面pvc材料、乳胶漆等颜色参照颜色及材料样板，所用材料均符合儿童使用环保标准。
		成品pvc踢脚线	大白乳胶漆/多乐士儿童漆	日光灯（4100k）		
卫生间WC-1 卫生间WC-9	300*300米色防滑地砖	300*300釉面瓷砖	木丝水泥板/1220*2440*12	6寸筒灯（雷士）	成品实木门	地面pvc材料、乳胶漆等颜色参照颜色及材料样板，所用材料均符合儿童使用，环保标准。
	西班牙米黄理石（过门石）	5mm厚防水层	防水大白、防水乳胶漆（多乐士）		台下手盆、龙头、磁龋、感应冲便器（toto）	人造石英石手盆台面
地下一层洗衣间	300*300米色防滑地砖	大白乳胶漆/多乐士儿童漆	石膏板/1220*2440*12		成品彩色防水隔板	
		成品pvc踢脚线	大白乳胶漆/多乐士儿童漆			
一层大堂	高级儿童专用pvc卷材（LG）	大白乳胶漆/多乐士儿童漆	石膏板/1220*2440*12	LED暖色灯带		地面pvc材料、乳胶漆等颜色参照颜色及材料样板，所用材料均符合儿童使用，环保标准。
		成品pvc踢脚线	大白乳胶漆/多乐士儿童漆	日光灯管（4100k）	包竹树木造型、角钢骨架、金属网镀锌、树脂造型、雨麻水泥	
		水曲柳饰面板（下双光清漆）		发光天蓬灯片		
			石膏板/1220*2440*12			
楼梯	水曲柳实木踏步板	水曲柳实木板		吸顶灯	φ60钢管扶手/彩色氟碳漆	地面通槽、乳胶漆等颜色参照颜色及材料样板，所用材料均符合儿童使用，环保标准。
	大白乳胶漆/多乐士儿童漆	大白乳胶漆/多乐士儿童漆				
	白钢磨条					

注：所有材料均考虑儿童使用使用，无甲醛、辐射等有害物质。

修改记录：

大连建发建筑设计院
DALIAN JIAWA INSTITUTE OF ARCHITECTURAL DESIGN

（三）建筑室内施工图（简称"建施"）

包括室内总平面图、室内平面图（见图4-5）、室内立面图（见图4-6）、室内剖面图、室内详图及设计说明。

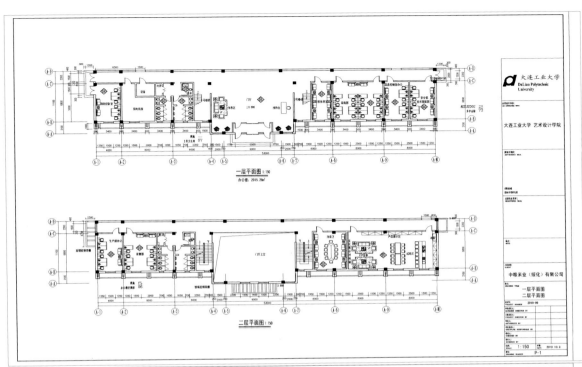

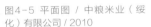

图4-5 平面图 / 中粮米业（绥化）有限公司 / 2010

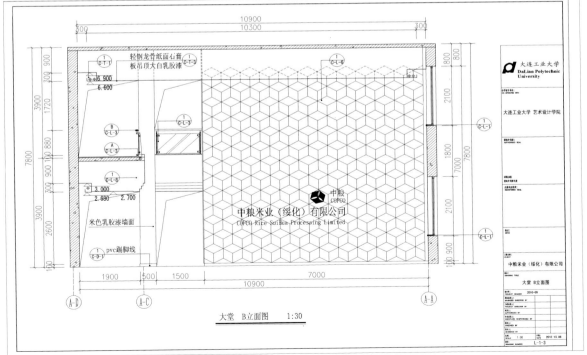

图4-6 大堂立面图 / 中粮米业（绥化）有限公司 / 2010

113

（四）结构施工图

（简称"结施"）

一般包括结构设计说明（见图 4-7）、结构平面布置图（见图 4-8）和构件详图（见图 4-9）及设计说明。

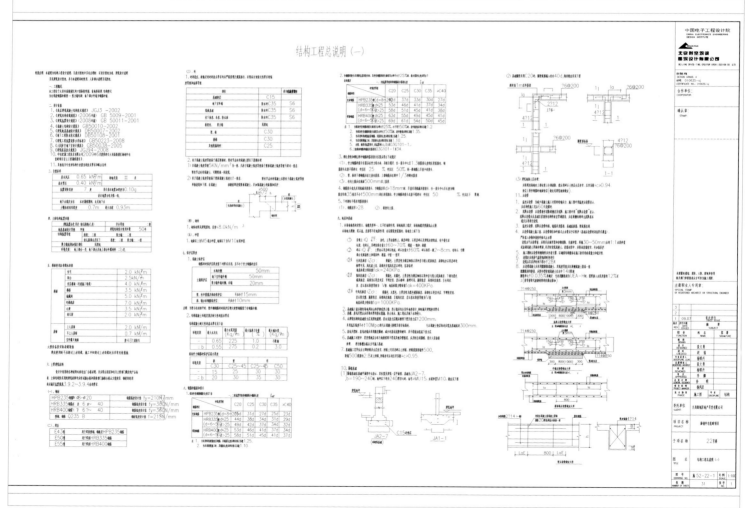

图4-7 结构工程总说明／大连市半山一号幼儿园／2013

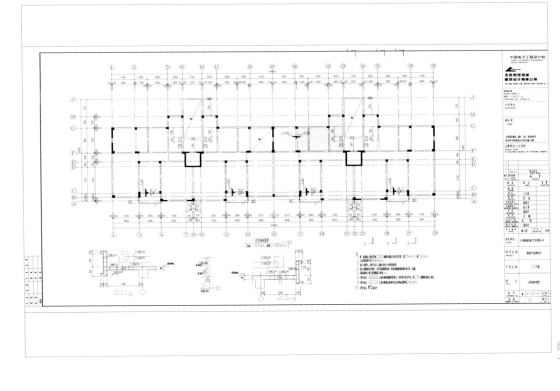

图4-8 一层结构布置图 / 大连市半山
一号幼儿园 / 2013

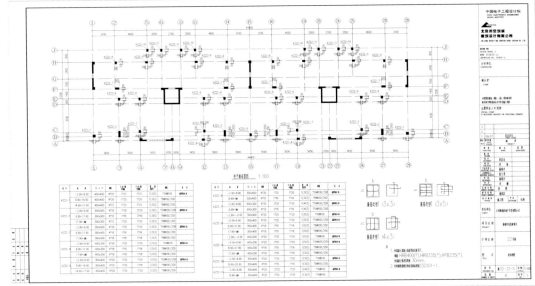

图4-9 柱结构图 / 大连市半山一号幼
儿园 / 2013

（五）设备施工图
（简称"设施"）
包括室内给水排水施工图
（见图4-10）、暖通空调
施工图（见图4-11）、电
气施工图等。给排水一般
包括平面图、系统图、屋
面排水平面图、剖面图、
详图及设计说明。

以室内施工图为例，施工
图主要包含：图纸目录
表、设计材料表、灯光图
表、灯饰图表、家具图表、
陈设品表、门窗图表、五
金图表、卫浴图表、设备
图表及其他图表。

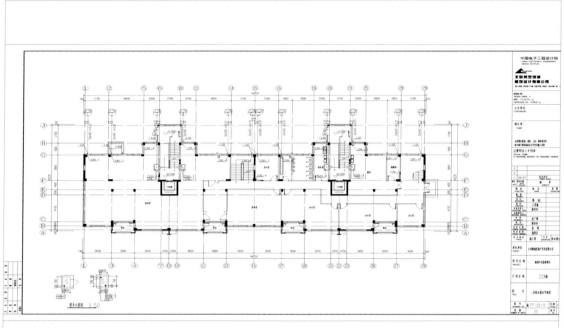

图4-10 一层给水排水平面图 / 大
连市半山一号幼儿园 / 2013

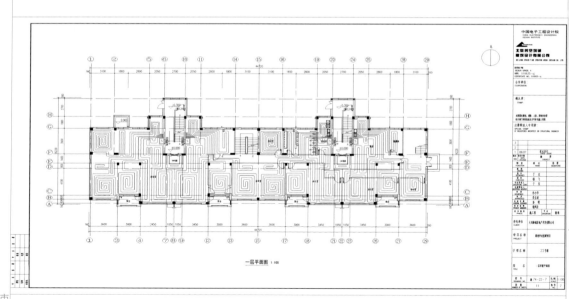

图4-11 一层采暖平面图 / 大连市
半山一号幼儿园 / 2013

二、室内施工图与建筑施工图的关系

室内施工图是建筑施工图的进一步完善，主要的符号是对建筑施工图的延用。

如果说有区别，主要是表现在内容上的差异。建筑施工图主要表示建筑实体，包括墙、柱、门、窗等构配件。室内施工图则主要表示室内环境要素，如家具、陈设、装修地面、墙面、柱面、顶棚、绿化等。因此，在多数情况下，室内施工图均不表示室外的东西，如台阶、散水、明沟与雨篷等。

三、室内设计所涉及的专业系统与协调要点

专业系统	协调要点	协调工种
A. 建筑系统	1. 建筑室内空间的功能要求（涉及空间大小、空间序列、人流交通组织等） 2. 空间形体的修正与完善 3. 空间气氛与意境的创造 4. 与建筑艺术、风格的总体协调	建筑
B. 结构系统	1. 室内墙面及顶棚中外露结构部件的利用 2. 吊顶标高与结构标高（包括设备层净高）的关系 3. 室内悬挂物与结构构件固定的方式 4. 墙体开洞、墙及楼、地面饰面层、吊顶荷重对结构承载能力的分析 5. 原建筑进行室内改造，在结构承载能力方面的分析	结构
C. 照明系统	1. 室内顶棚设计与灯具布置、照明要求的关系 2. 室内墙面设计与灯具布置、照明方式的关系 3. 室内墙面设计与配电箱的布置 4. 室内地面设计与脚灯的布置	电气
D. 空调系统	1. 室内顶棚设计与空调送风口的布置 2. 室内墙面设计与空调回风口的布置 3. 室内陈设与各类独立设置的空调设备的关系 4. 出入口装修设计与冷风幕设备布置的关系	设备（暖通）
E. 供暖系统	1. 室内墙面设计与水暖设备的布置 2. 室内顶棚设计与供热风系统的布置 3. 出入口装修设计与热风幕的布置	设备（暖通）
F. 给排水系统	1. 卫生间设计与各类卫生洁具的布置与选型 2. 室内喷水池、瀑布设计与循环水系统的布置	设备（给排水）
G. 消防系统	1. 室内顶棚设计与烟感报警器的布置 2. 室内顶棚设计与喷淋头、水幕的布置 3. 室内墙面设计与消火栓箱布置的关系 4. 起装饰部件作用的轻便灭火器的选用与布置	设备（给排水）
H. 交通系统	1. 室内墙面设计与电梯门洞的装修处理 2. 室内地面及墙面设计与自动步道的装修处理 3. 室内墙面设计与自动扶梯的装修处理 4. 室内坡道等无障碍设施的装修处理	建筑电气
I. 广播电视系统	1. 室内顶棚设计与扬声器的布置 2. 室内闭路电视和各种信息播放系统的布置方式（悬吊、靠墙或独立放置）的确定	电气
J. 标志广告系统	1. 室内空间中标志或标志灯箱的造型与布置 2. 室内空间中广告或广告灯箱、广告物件的造型与布置	建筑电气
K. 其他	1. 家具、地毯的使用功能配置、造型、风格、样式的确定 2. 室内绿地的配置方式及品种确定、日常管理方式 3. 室内特殊音响效果、气味效果等的设置方式 4. 室内环境艺术作品（绘画、壁饰、雕塑、摄影等艺术作品）的选用和布置 5. 其他室内物件（公共电话房、罩、污物筒、烟具、茶具、餐具、炊具等）的配置	相对独立可由室内设计专业独立构思或挑选艺术品、委托艺术家创作配套作品

四、施工图各部分的
主要表达要点

建筑施工图主要包括工程图及设计说明。其中工程图包括总平面图、平面图、顶棚图、立面图、剖面图及详图。

（一）平面图

从制图角度看，平面图实际上是一种水平剖面图。就是用一个假想的水平剖切面，在窗台上方把房间切开，移去上面的部分，自上而下，所得到的正投影图。平面图包括平面布置图、平面装修图、家具与陈设平面图和设备平面图。

1. 总平面布置图（见图 4-12）

◎为平面图命名，说明平面图的绘制比例，绘制指北针（或者参考方向）。

◎表达出完整的平面布局及各区域之间连接的相互关系。

◎表达建筑轴号及轴号间的建筑尺寸。

◎表达各功能的区域位置及说明。

◎表达出装修标高关系。

◎总图只需表达出轴线的尺寸。

2. 平面布置图（见图 4-13）

◎房间的平面结构形式、平面形状及其长宽尺寸。

◎门窗的位置、平面尺寸、门窗的开启方向及墙柱的断面形式及尺寸。

◎交通体系，如楼梯、电梯、自动扶梯、室内台阶的位置与形式。

◎室内家具、设施、织物、摆设、绿化等平面布置的具体位置。

◎室内景观，如水池、喷泉、瀑布、假山、绿化等景物。

◎表示剖面位置及剖视方向的剖面符号及编号或立面指向符号。

◎表达不同地坪的标高。

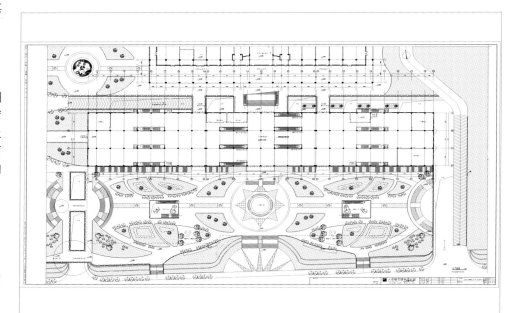

图4-12 总平面图／长兴岛客运交通枢纽二期工程——立体换乘广场／2013

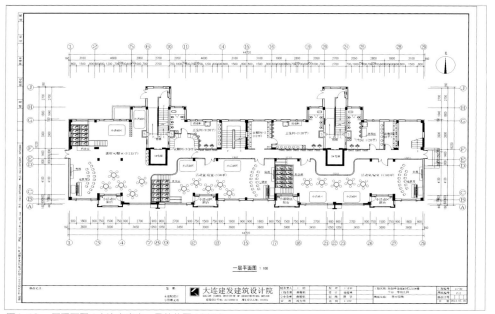

图4-13 一层平面图／大连市半山一号幼儿园／2013

第四章 室内环境施工图的表现与表达

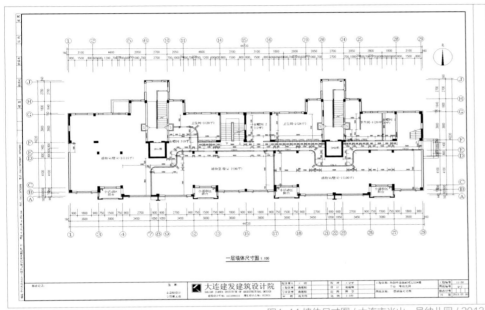

图4-14 墙体尺寸图 / 大连市半山一号幼儿园 / 2013

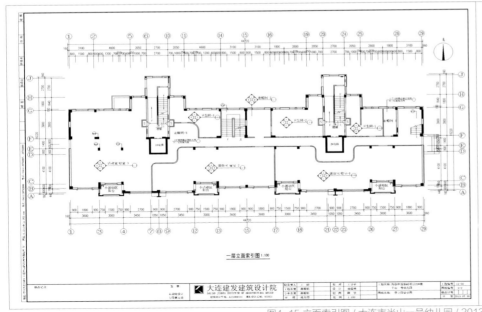

图4-15 立面索引图 / 大连市半山一号幼儿园 / 2013

◎注明轴号及轴线尺寸。

◎详图索引符号。

◎各个房间的名称、房间面积、家具数量及指标。

◎图名与比例及各部分的尺寸（国内交流采用公制体系，国际交流采用英制体系；图示的符号、房间的名称及附加文字说明等）。

3. 装修平面尺寸图（见图 4-14）

◎表达出该部分剖切线以下的平面空间布置内容和关系。

◎表达出隔墙、隔断、固定构件、固定家具等。

◎表达出平面上各类装修内容的详细尺寸。

◎表达不同地坪的标高。

◎注明轴号及轴线尺寸。

◎用虚线表达出在剖切线上，需强调的立面内容。

4. 平面装修立面索引图（见图 4-15）

◎表达出隔墙、隔断、固定构件、固定家具等。

◎详细表达出各立面、剖面的索引和剖切号以及平面中需被索引的详图号。

◎表达不同地坪的标高。

◎注明轴号及轴线尺寸。

5. 地面装修施工图（见图 4-16）

◎表达出该部分地面界面的空间内容及关系。

◎表达出地面材料的规格、材料编号及施工排版图。

◎表达出地面内容（如埋地灯、暗藏光源、地插座等）。

◎表达出地面拼花或大样索引号。

◎表达出地面装修所需的构造节点索引。

◎表达不同地面的标高。

◎注明轴号及轴线尺寸。

6. 家具与陈设平面图（见图 4-17）

◎表达出该部分剖切线以下的平面空间布置内容及关系。

◎表达出家具的陈设立面索引号和剖立面索引号。

◎表达出每款家具的索引号。

◎表达出每款家具实际的平面形状。

◎表达出各功能区域的编号及文字注释。

◎表达不同地坪的标高。

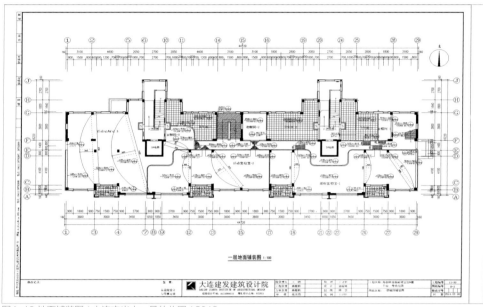

图4-16 地面铺装图 / 大连市半山一号幼儿园 / 2013

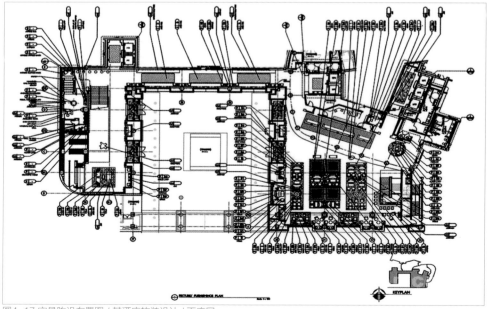

图4-17 家具陈设布置图 / 某酒店软装设计 / 百度网

（二）立面图（见图 4-18）

平行于某一界立面的正投影图、立面图中不考虑因剖视所形成的空间距离叠合和围合段面体内容的表达。

◎作为剖立面图外轮廓的墙体、楼地面、楼板和顶棚等构造形式。

◎表达出被剖切后的建筑及装修的断面形式。

◎表达出立面的可见装修内容和固定家具、灯具造型及其他。

◎表达出装修内容及固定家具的尺寸。

◎表达出节点剖切索引号、大样索引号。

◎主要竖向尺寸和标高。

◎表达出装修材料的编号及说明。

◎活动家具、灯具和各饰品的立面造型，以虚线绘制主要可见轮廓线，并表示出这些内容的索引编号。

◎表达出该立面的立面图号及图名。

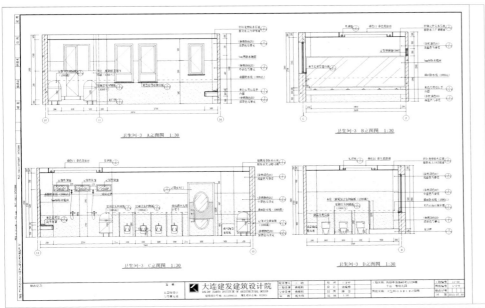

图4-18 卫生间立面图 / 大连市半山一号幼儿园 / 2013

（三）剖面图（见图 4-19）

室内设计中，平行于某内空间立面方向，假设有一个竖直平面从顶至地将该内空间剖切后所得到的正投影图。剖面图包括装修剖面图和陈设剖面图。

◎表达出被剖切后的建筑及装修断面形式（如墙体、门洞、窗洞、抬高地坪等）。

◎表达出在投视方向未被剖切到的可见装修内容和固定家具、灯具及其他。

◎表达出施工尺寸及标高。

◎表达节点剖切索引号、大样索引号。

◎表达出装修材料索引编号及说明。

◎表达出该剖面的轴号、轴线尺寸。

◎表达出活动家具、灯具和各饰品的立面造型，以虚线绘制主要可见轮廓线，并表示出家具、灯具、艺术品等编号。

◎表达出该剖面的剖面图号及标题。

121

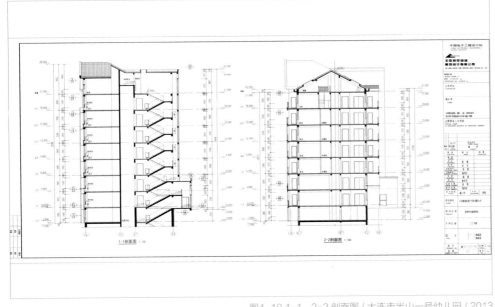

图4-19 1-1、2-2 剖面图 / 大连市半山一号幼儿园 / 2013

（四）顶棚平面图

是指向上仰视的正投影平面图，具体可分为下述两种情况：其一，顶面基本处于一个标高时，顶棚平面图就是顶界面的平面影像图，即（顶）界面图；其二，顶面处于不同标高时，即采用水平剖切后，去掉下半部分，自下而上仰视可得到正投影图，剖切高度以充分展现顶面设计全貌的最恰当处为宜。顶棚平面图包括顶棚装修布置图、顶棚装修尺寸图、顶棚装修立面索引图和顶棚灯位图。

1. 总顶棚布置图（见图4-20）

◎表达出剖切线以上的总体建筑与室内空间的造型及其关系。

◎表达顶棚上总的灯位、装饰及其他（不注尺寸）。

◎表达出风口、烟感、温感、喷淋、广播等设备安装内容。

◎表达各顶棚的标高关系。

◎表达出门、窗洞口的位置。

◎表达出轴号及轴线尺寸。

2. 顶棚装修布置图

◎表达出该部分剖切线以上室内空间的造型及其关系。

◎表达出顶棚上该部分的灯位图例及其他装饰物。

◎表达出窗帘及窗帘盒。

◎表达出门、窗洞口的位置（无门扇表达）。

◎表达出风口、烟感、温感、喷淋、广播、检修口等设备安装。

◎表达出顶棚的装修材料索引编号及排版。

◎表达出各顶棚的标高关系。

◎表达出轴号及轴线关系。

3. 顶棚装修尺寸图

◎表达出该部分剖切线以上室内空间的造型及关系。

◎表达出详细的装修、安装尺寸。

◎表达出顶棚的灯位图例及其他装饰物并注明尺寸。

◎表达出窗帘、窗帘盒及窗帘轨道。

◎表达出风口、喷淋、广播、检修口等设备安装并标注尺寸。

◎表达出顶棚的装修材料。

◎表达出轴号及轴线关系。

4. 顶棚灯位编号图

◎表达出该部分剖切线以上的室内空间的造型及关系。

◎表达出每一光源的位置及图例。

◎注明顶棚上每一灯光及灯饰的编号。

◎表达出各类灯光、灯饰在本图纸中的图表。

◎图表中应包括图例、编号、型号、是否调光及光源的各项参数。

◎表达出窗帘及窗帘盒。

◎表达出门、窗洞口的位置。

◎表达出各顶棚的标高关系。

◎表达出轴号及轴线尺寸。

5. 顶棚消防布置图

◎表达出该部分剖切线以上的建筑与室内空间的造型及关系。

◎表达出灯位图例及其他。

◎表达出窗帘及窗帘盒。

◎表达出门、窗洞口的位置。

◎表达出消防烟感、喷淋、温感、风口、防排烟口、应急灯、指示灯、防火卷帘、挡烟垂壁等位置及图例。

◎表达出各消防图例在本图纸上的文字注释及图例说明。

◎表达出各消防内容的定位尺寸关系。

◎表达出各顶棚的标高关系。

◎表达出轴号及轴线尺寸。

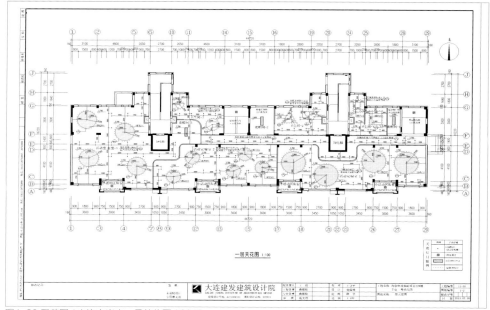

一层天花图 1:100

图4-20 天花图 / 大连市半山一号幼儿园 / 2013

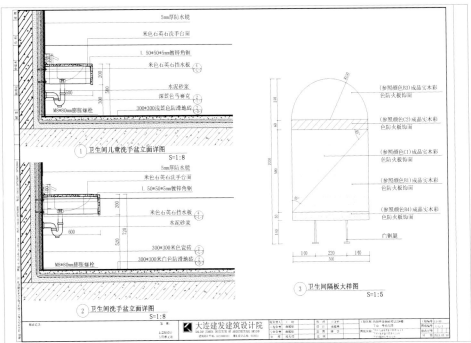

图4-21 卫生间详图及大样图 / 大连市半山一号幼儿园 / 2013

（五）详图

节点图是反映某局部的施工构造切面图；大样图是指某部位的详细图样；断面图是由剖、立面图中引出的自上而下贯穿整个剖切线与被刮切物体交得的图形为新断面。详图包括节点图、大样图和断面图。

1. 大样图（见图4-21）
◎局部详细的大比例放样图。
◎注明详细尺寸。
◎注明所需的节点剖切索引号。
◎注明具体的材料编号及说明。
◎注明详图号及比例。
◎详细表达出被切截面从结构体至面饰层的施工构造连接方法及相互关系。
◎表达出紧固件、连接件的具体图形与实际比例尺度。
◎表达出详细的面饰层造型与材料编号及说明。
◎表示出各断面构造内的材料图例、编号、说明及工艺要求。
◎表达出详细的施工尺寸。
◎注明有关施工所需的要求。
◎表达出墙体粉刷线及墙体材质图例。
◎注明节点详图号及比例。

2. 断面图（见图4-22）
◎表达出由顶到地连贯的被剖截面造型。
◎表达出由结构体至表饰层的施工构造方法及连接关系。
◎从断面图中引出需进一步放大表达的节点详图及其索引编号。
◎表达出结构体、断面构造层及表饰层的材料图例、编号及说明。
◎表达出断面图所需的尺寸深度。
◎注明有关施工所需的要求。
◎注明断面图的图号及比例。

123

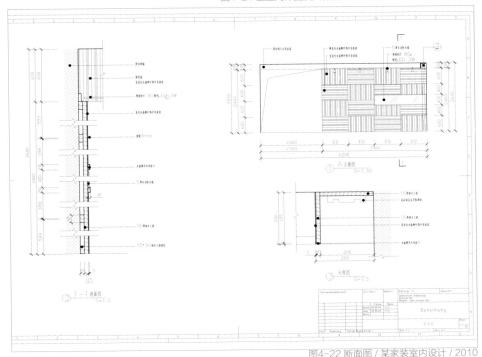

图4-22 断面图 / 某家装室内设计 / 2010

五、施工图的图纸样式及顺序模块图

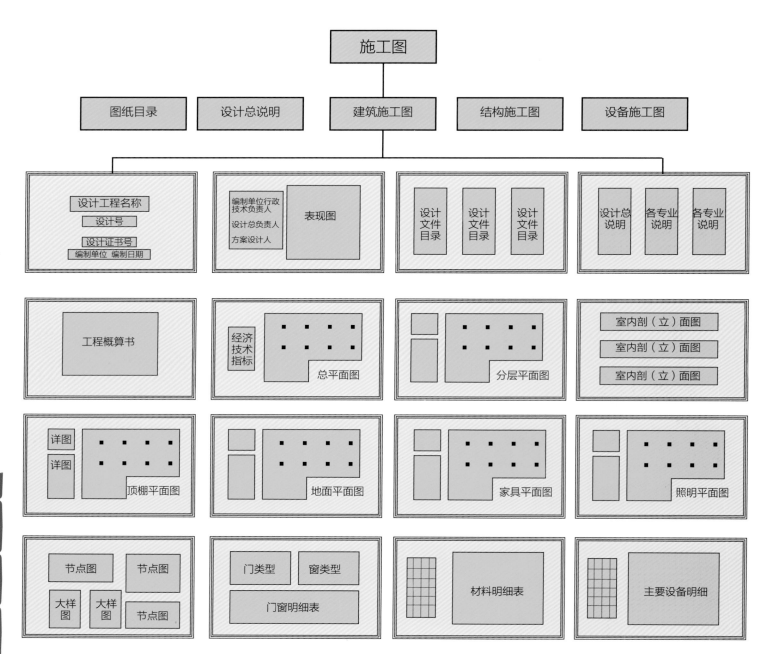

图4-22-2 室内设计施工模块图

各类施工图应按图纸内容的主次关系系统地排列。例如基本图在前，详图在后；总体图在前，局部图在后；主要部分在前，次要部分在后；布置图在前，构件图在后；先施工图在前，后施工图在后等。

建筑装饰施工图也要对图纸进行归纳与编排（见图 4-25）。将图纸中未能详细标明或图样不易标明的内容写成设计施工总说明，将门、窗和图纸目录归纳成表格，并将这些内容放于首页。由于建筑装饰工程是在已经确定的建筑实体上或其空间内进行的，因而其图纸首页一般都不安排总平面图。

建筑装饰工程图纸的编排顺序原则是：表现性图纸在前，技术性图纸在后；装饰施工图在前，室内配套设备施工图在后；基本图在前，详图在后；先施工的在前，后施工的在后。建筑装饰施工图简称"饰施"，室内设备施工图简称为"设施"，也可按工程不同，分别简称为"水施"、"电施"和"暖施"等。这些施工图都应在图纸标题栏内标注自身的简称（图别）与图号，如"饰施 1"、"设施 1"等。

图纸是工程技术人员的共同语言。了解图纸的基本知识和看懂图纸是技术人员应该掌握的基本技能（见图 4-23、24、26）。为更系统地了解图纸中的内容，建议阅读以下书籍规范：《建筑制图标准》、《建筑设计防火规范》、《高层民用建筑设计防火规范》、《建筑内部装修设计防火规范》、《工程建设标准性条文》（房屋建筑部分）、《民用建筑设计通则》、《建筑照明设计标准》、《建筑隔声评价标准》、《住宅设计规范》、《住宅建筑规范》、《办公建筑设计规范》及《建筑资料集》（第一册人体工程学部分），在遇到一些专业建筑时，应该去阅读相应设计规范。

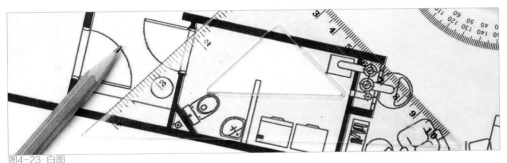

图4-23 白图

图4-24 硫酸图

图4-25 装订好的图册

图4-26 蓝图

第
四
章
室
内
环
境
施
工
图
的
表
现
与
表
达

第三节

施工图的策略

/ 阅读施工图的步骤
/ 施工图中常用的符号
/ 材料的熟悉与运用
/ 规范的熟悉与运用
/ 施工图的作图心得

本节通过对施工图设计的阅读步骤、常用符号、材料规范、作图心得的学习，让学生了解施工图设计阶段表现与表达的相关策略。熟练运用线形表达材料施工做法，准确应用制图规范，高效美观地完成施工图纸是本节的学习重点。

一、阅读施工图的步骤

一幢建筑物从施工到建成，需要有全套的建筑施工图纸作指导。一般一套图纸有几十张或几百张。阅读这些施工图纸要先从大方面看，然后再依次阅读细小部位，先粗看后细看，平面图、立面图、剖面图和详图结合看。具体说，要先从建筑平面图看起。若建筑施工图第一张是总平面图，要看清楚新建建筑物的具体位置和朝向，以及其周边建筑物、构筑物、设施、道路、绿地等的分布或布置情况；建筑平面图，要看清建筑物平面布置和单元平面布置情况，以及各单元户型情况；平面图与立面图对照，看外观及材料做法；配合剖面图看内部分层结构；最后看详图了解必要的细部构造和具体尺寸与做法。

二、施工图中常用的符号

为了保证制图质量、提高效率、表达统一和便于识读，我国制定了国家标准《房屋建筑制图统一标准》（简称《标准》），其中几项主要的规定和常用的表示方法如下：

（一）定位轴线

在施工图中通常将房屋的基础、墙、柱和梁等承重构件的轴线画出并进行编号，以便于施工时定位放线和查阅图纸，这些轴线称为定位轴线。定位轴线采用细点划线表示。轴线编号的圆圈用细实线，在圆圈内写上编号（见图4-27）。在平面上水平方向的编号采用阿拉伯数字，从左向右依次编写。垂直方向的编号，用大写英文字母自下而上顺次编写，英文字母中I、O及Z三个字母不得作轴线编号，以免与数字1、0及2混淆。对于一些与主要承重构件相联系的次要构件，它的定位轴线一般作为附加轴线，编号可用分数表示。分母表示前一轴线的编号，分子表示附加轴线的编号。

（二）标高

在总平面图、平面图、立面图和剖面图上，经常用标高符号表示某一部位的高度。各种图上所用标高符号，如图4-28所示，以细实线绘制，如标注位置不够，也可按图中 b 所示形式绘制。标高符号的具体画法如图中c、d所示。标高数值以米为单位（不标单位），一般标注至小数点后三位数（总平面图中为二位数）。

标高有绝对标高和相对标高两种。绝对标高：我国把青岛黄海的平均海平面定为绝对标高的零点，其他各地标高都以它作为基准，在总平面图中的室外地面标高中常采用绝对标高。相对标高：除了总平面图外，一般都采用相对标高，即把首层室内主要地面标高定为相对标高的零点，并在建筑工程的总说明中说明相对标高和绝对标高的关系。

（三）尺寸线

施工图中均应注明详细的尺寸。尺寸标注由尺寸界线、尺寸线、尺寸起止点和尺寸数字所组成（见图4-29）。尺寸线应用细实线绘制，一般应与被注长度垂直，其一端应离开图样轮廓线不小于2mm，另一端宜超出尺寸线 2～3mm（见图4-30）。图样轮廓线可用作尺寸界线。根据《标准》规定，除了标高及总平面图上的尺寸以米为单位外，其余一律以毫米为单位。为了使图面清晰，尺寸数字后一般不必注写单位。在图形外面的尺寸界线是用细实线画出的，一般应与被标注长度垂直，但在图形里面的尺寸界线以图形的轮廓线和中线来代替。尺寸线必须用细实线画出，而不能用其他线代替；应与被注长度平行，且不宜超出尺寸界线。尺寸线的起止点用45°的中粗斜短线表示，短线方向应以所注数字为准，自数字的左下角向右上角倾斜。尺寸数字应标注在水平尺寸线上方（垂直尺寸线的左方）中部。

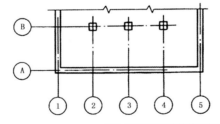

图4-27 定位轴线的编号顺序

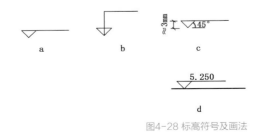

图4-28 标高符号及画法

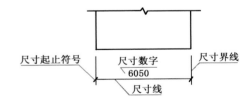

图4-29 尺寸的组成

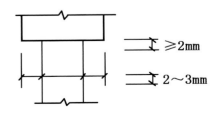

图4-30 尺寸界限

三、材料熟悉与运用

近年来，科技不断地进步，技术不断地更新，潮流不断地变化，新型材料不断地推出。设计师必须了解这些材料的物理特性、经济性、使用的范围、施工的方法以及如何搭配以达到最好的效果。施工图绘制难度根本原因就在于对材料和做法的不熟悉，从而对一个项目不知从何下手。要成为一名优秀的施工图设计师必须从这方面着手，提高自己的设计水平。

（一）材料的物理特性

材料物理性是指材料的吸水率、膨胀系数、耐火等级、容重等。材料环保已经成为一项重要指标，国家颁布的《民用建筑工程室内环境污染控制规范》（GB50325—2001），作为设计师就应该认真学习。以此为工作标准，选择符合规范要求的材料，了解材料的物理特性，可以对比不同材料的优劣。在工程材料选用上，能给客户提出合理的建议。国家标准对建筑内各处室内装饰材料的耐火等级等有详细的条文，为材料的选择提供了依据。

（二）材料的经济性

装饰材料多种多样，能相互替代的产品很多，而不同材料必定存在或多或少的差价，大量表面处理工艺的进步，能够使用价格相对便宜的材料取代价格昂贵的材料，本着客户利益至上的原则，设计师要对材料的经济性充分了解，才能很好地做到在保证装饰效果、使用安全的前提下，选择使用施工工艺简单的材料，有效地控制工程造价。

（三）材料的使用范围

熟悉材料应用于何处，可以有效控制造价，延长成品的使用寿命。例如白色石材运用于室外空间，容易出现变色和锈迹。使用未进行处理的薄装饰面板过多的厨卫空间，则很快会受潮变色，甚至腐朽。当然材料的运用也不是一成不变的，有时我们也需要扩展思维，创新地运用材料，外墙漆本来是运用在室外，作为外墙的涂料，它的防水性、耐久性必然优于室内用乳胶漆，因而我们可以在卫生间内采用外墙乳胶漆，如此可以运用色彩营造出活泼动感的空间，不必千篇一律地使用瓷砖，避免了瓷砖施工的留缝，使墙面更为简捷，适合运用简约的时尚设计，投资相当于中档瓷砖的价位。另外，设计人员要经常深入工地，增加现场施工经验，同时不断接触国内外新的工艺、材料、技术。材料的熟悉并不是材料抄袭，而是材料的运用。只有真正做到熟悉工艺、材料，才能使我们的图纸真正地成为指导施工的依据。

四、规范的熟悉与运用

施工图的设计首要任务是保证客户使用的安全，其次才是装饰效果。如何才能保证客户的使用安全？国家对建筑设计有着很多针对不同方面的专业规范，对于一些特殊行业还有专门行业标准，而每年国家都会对部分规范进行修订和更新（见图4-31）。《建筑设计防火规范》、《建筑内部装修设计防火规范》（GB50222—95）、《高层民用建筑设计防火规范》（GB50045—95）更是涉及人生命安全的规范；建筑内部装修采用可燃、易燃材料多、范围大，则火源接触到其他的机会就多，因而引起火灾的可能性增大，为保证建筑的消防安全，防止和减少建筑火灾的发生，减少火灾的损失，建筑内部装修防火设计应妥善处理装饰效果和使用安全的矛盾，积极采用不燃材料和难燃材料，尽量避免采用在燃烧时产生大量浓烟和有毒气体的材料，做到安全舒适，技术先进，经济合理。

设计师应对规范内的条文要求熟知，规范的数据能迅速查阅，了解建筑物的耐火等级、民用建筑的耐火等级、层数、长度和面积的要求，民用建筑的安全疏散要求，对建筑构造的要求，规范的名词解释，装修材料的分类和分级，单层、多层民用建筑内部各部位装修材料的燃烧性能等级，常用建筑内部装修材料燃烧性能等级划分举例，高层民用建筑内部各部位装修材料的燃烧性能等级，地下民用建筑内部各部位装修材料的燃烧性能等级。

在室内装饰设计中经常将壁挂、雕塑、模型及标本作为室内装饰表现内容之一，为避免这些饰物引起火灾，公共建筑内不宜采用B3装饰材料制成的壁挂、雕塑、模型及标本，当需要设置时，不应靠近火源或热源。为了确保消火栓在火灾的扑救中充分发挥作用，要求建筑内部消火栓箱的门不应被装饰物遮掩，消火栓四周的装饰材料颜色应与消火栓门箱的颜色有明显区别。建筑内部装修不应遮挡消防设施和疏散指示标志及出口，并且不应妨碍消防设施和疏散走道的正常使用。建筑室内装饰设计中尽量不要改变原建筑设计中功能性房间的面积、位置及功能。

在我们的设计中还要注意，特别是改建工程中，有些工程设计建造时间较早，有些设计不符合现行规范的要求，就应针对这些问题进行整改，不能一味考虑效果装饰和投资，忽略细节的设计。某宾馆的装饰工程设计中，原窗台设计只有0.7m高，根据现行《民用建筑设计通则》（JGJ37—87）要求窗台低于0.80m时，应采取防护措施。在不改变外立面的情况下，采用了在室内增加维护栏杆的做法。在另一项目中，原土建设计的连廊的栏杆高度只有0.85mm，根据栏杆高度不应小于1.05m，在原砖砌栏杆上增加0.2m高的不锈钢扶手，既美观耐用，又满足规范的要求。这些看似微不足道的小问题，正是设计师应该注意的问题。

五、施工图的作图心得

很多人只是注重前期的制图，忽略了图纸的后期处理，要知道图纸是设计师的语言，直接指导现场施工，图纸效果的好坏程度会影响很多问题：造价纠纷、工程进度、工程质量、窝工等等，图纸是最有力的证据（见图4-32）。现在相当部分的施工者还是不会在电脑上看图纸，他们更多地只会看完成后打印好的图纸，并且按图施工。一张完成后的图纸应该是准确清楚、美观大方、层次分明的，作为设计与绘图者要多在这三个方面下功夫，让图纸与现场施工紧密结合，赋予图纸生命力。

（一）图纸的准确性

1. 数据的准确性

很多人在作图过程中习惯更改标注而不修改实际尺寸，如果一张图纸在方案阶段就出现尺寸不准确的情况，而作图者只是修改它的尺寸标注，那么方案展开后，到了立面、剖面以及节点大样图时候还是要对它们的尺寸进行修改，本来在第一步修改一遍的活变成了十次，甚至更多，大大增加了工作量，因此，建议大家一定要尊重实际数据，90就是90，不能是90.35。

2. 材料及做法标注的准确性

这一点最好理解，举个例子吧！图纸上新建了一道石膏板墙，有的人会标上"石膏板隔断墙"，这样就不够准确，好吧，写成"轻钢龙骨纸面石膏板墙"，清楚了吧，还是不够，那么写成"轻钢龙骨纸面石膏板刮腻子刷乳胶漆"，清楚了吗？没有，如果是这样，假设我是施工方我就会有很多疑问，什么型号龙骨？什么石膏板？刮几遍腻子？刷什么乳胶漆？刷几遍？什么颜色？那到底要怎么标注呢？如果我们标上"75轻钢龙骨面耐福纸面石膏板面刮腻子两遍面刷白色多乐士乳胶漆"，如果你来施工，你还会有多少疑问呢？当然，还可以标得更准确一些。要说的是在绘图中一定要把材料及做法写清楚，这样对工期是很有帮助的，试想一下，如果施工方拿到你的图纸之后，还整天追在后面问东问西，作为制图者肯定也很烦，反过来，当施工方拿到图纸后就能按图施工并且施工质量和效果与设计相差无几时，你又会是什么心情呢？

前面说到标注数据的准确，在这里要补充一点，就是尺寸一定要详细，该标的地方一定不能漏。我常在施工现场听工人抱怨，手里的图纸很多地方没有尺寸，还不会量。有过现场经验的人肯定会见过这种现象，现场项目经理经常铺开图纸，拿着尺子量尺寸，要不就是拿着计算器一点一点地加尺寸，虽说图纸是有比例可以算出来的，但是还是降低了施工现场的工作进度，前面一种现象我们只要在作图时多标一点尺寸就可以大大减少这种现象，后一种现象建议大家做三级标注。我们在设计中经常讲要人性化，那么就从制图开始吧，多为现场施工人员想想吧！我们的工程要达优，总不能让他们估估就随便做上去吧。必须说一点，在这里说到的没有任何有关CAD的操作技巧，我要说的是如何用CAD来完成理想的图纸，怎样把图做好。相同的图纸，不同的人出图效果完全不一样，

有兴趣提高自己图纸水平的同学可以好好体会一下。有关图纸准确性的问题先说到这里，希望大家能举一反三。准确是多方面的，不仅仅是以上所说到的两点，比如图纸本身的准确性，尤其是一些施工剖面、节点图，是否能满足施工工艺，强度是否够等。

（二）图纸的美观大方

首先要阐明一个观点，就是显示器视觉效果和出图图纸视觉效果的关系，前者为后者服务，两者相辅相成，但最终我们拿出去的是打印好的蓝图，盖上红戳的是蓝图，所以后者更显重要，电子版文档毕竟是少数人看的，而且多是不直接下工地的人，而图纸面对的是多数人群，而且会被复印成很多份，所以在制图过程中一切都要围绕后者来画每一笔，如果有这种认识，图纸的质量肯定差不了。

1. 图纸线层的问题

有很多这样的图纸，很多线条叠加在一起，删掉一条线段还有一条线，再删还有，五六条线在一起，最底下那条还是断开的。还有就是本来应该是一条线的地方，它弄成几条相连的线，捕捉的时候找不准中点，只好删掉重画一条线。所以在制图过程中一定要养成好习惯，多余没用的线一定不要，配合图层不要乱。

图4-31 规范的图纸

图4-32 图纸是各工种人员交流的主要载体

2. 字号与字体的问题

先看两张截图（见图 4-33、34），先不评论两张图的整个图面布局，只是说一下图中字体与字号的问题。如果按照前一幅图打印出来，肯定字会超大，给人感觉非常不好，很大的字会很抢眼。后面是稍加修改了一下字号后的效果，出图后就有一个很完美的视觉效果，字号不大，也不小。有人该说了，施工图又不是效果图，能说明问题就完了。错了，相信如果有两张不同水平的图纸摆在你面前时，肯定那张吸引你的图纸不是那很乱的、字特大的，施工图也有艺术。

有的人作图喜欢复制，可是不能一点不变就复制过来。比例变了，你的字号也要相应变过来，如果一成不变，比例变大时字体就变小，也许看图纸的时候你就得拿着放大镜了；比例变小时字号就变大。要怎样才能得到一个最佳视觉效果的字号呢？一般来说，图框里的字号打印出来视觉效果比较好，设置字号时可以参照图框中的字号大小，左右不要偏差太大，所以在作图时一定要先套图框，然后根据图框中的字来设置字号，字号设置包括文字标注和尺寸标注。

字体设置没有特殊的做法，一般根据个人喜好，但是有一点要注意，所有的文字标注字体要统一，尺寸标注字体也要统一，这样就会给人整齐的感觉。

继续讨论字号与字体的问题。有一种情况非常普遍，大家喜欢把很多图放在同一个文件下，原始平面、布局平面、天花、立面、剖面、节点等等。尤其是家装设计中，如果所有的图都在一个文件下就会出现一个问题，因为这么多图不可能是同一个比例，有 1:100，也可能有 1:50 或 1:10，也许还会有 1:1 的。如果我们在所有图当中都用同一个标注样式的话，最后出图就会出现前面的结果。反正这样的图纸很难让人有兴趣看下去，引申一点：一个连图纸都搞得乱七八糟的设计师，他的设计方案能好到哪去呢？设计就是要讲究细节的，图纸不也一样吗？

如何解决这么多图纸在一起的问题呢？那就是按照前面讲的，每一个比例的图纸都要有同等的字号。有两种方法：第一种是偷懒的方法，不建议推广，直接在修改特性下修改

一个标注的字号和箭头大小，再用格式刷刷其他标注，再修改一个文字标注用格式刷刷其他文字，但是此种方法有一个弊端，就是修改起来费事，建议不要使用；第二种方法是根据文件下一共有几种比例再在该文件下新建几个不同字号的标注样式，每一个样式对应一个比例，这样要修改哪一种标注，只用在标注下样式里直接修改它就可以了，而且不会影响其他比例的图，也不用拿格式刷一个一个刷，更重要的是你的图纸到了别人手里修改起来不会一团糟。

哪一种图纸会更让人赏心悦目呢？显然是后面的那一幅（见图 4-34），我只是对轴号和字号的比例大小做了一下修改，就起到了完全不同的效果。当然，标注的设置并非只是字体字号和箭头，包括颜色（颜色设置要与后期出图时打印样式设置呼应）、线宽、超出尺寸线、起点偏移量、超出标记、基线距离等等都要有合理的设置。这里没有一个固定不变的标准，只要根据自己和大家的审美观确定一个最佳值，呈现出一个好的视觉效果就可以。

图4-33 设置不够恰当的图纸

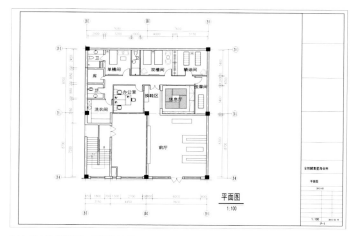

图4-34 比例适当，图面效果好

/ 问题与解答

[提问1]:

针对施工图的部分我们在课上接触得较少，请问室内施工图与建筑施工图的关系是怎样的？

[提问 2]:

我们知道做设计首先要学会识图，阅读建筑施工图时，我们主要应关注哪些问题？

[提问 3]:

理想的计算机绘制图纸应该满足怎样的标准？请老师给予回答。

[解答1]:

室内施工图是建筑施工图的进一步完善，主要的符号是对建筑施工图的延用，如果说有区别，主要是表现在内容上：建筑施工图主要表示建筑实体，包括墙、柱、门、窗等构配件；室内施工图则主要表示室内环境要素，如家具、陈设、装修地面、墙面、柱面、顶棚、绿化等。因此，在多数情况下，均不表示室外的东西，如台阶、散水、明沟与雨篷等。

[解答 2]:

（一）具备用正投影原理读图的能力，掌握正投影基本规律，并会运用这种规律在头脑中将平面图形转变成立体实物。同时，还要掌握建筑物的基本组成，熟悉房屋建筑基本构造及常用建筑构配件的几何形状及组合关系等。

（二）建筑物的内、外装修做法以及构件、配件所使用的材料种类繁多，它们都是按照建筑制图国家标准规定的图例符号表示的，因此，必须先熟悉各种图例符号。

（三）图纸上的线条、符号、数字应互相核对。要把建筑施工图中的平面图、立面图、削面图和详图对照查看清楚，必要时还要与结构施工图中的所有相应部位核对一致。

（四）阅读建筑施工图，了解工程性质，不但要看图，还要查看相关的文字说明。

[解答 3]:

"醒目、简洁、准确" 是好的计算机绘制图纸的标准。要让一套图纸保持大体风格统一，每张又有鲜明的特色。A3 大小让人 2m 外也能看见你要表达的主题内容，A1 大小让人在 10m 外灯光不足的地方也能分辨个十之六七，不至于把工业区和居住区搞混淆，也不会把小学看成加油站。要达到这个目的，需要有一些好的工作方法和习惯来支持，无论是一个人搞定一个项目的所有图纸，还是一个工作小组合作，为了高效、高质量完成图面表达，都需要一些好的工作框架。

[提问 4]:

了解施工图后，发现图纸管理非常重要。我们应如何为施工图编制工程图号及图号的管理办法有哪些？

[解答 4]:

为了对内环境施工图图纸及资料进行更高效快捷的归档管理与提取，针对大量的图纸现象，一般需要制定相对的管理办法来归档管理。由于内环境施工图的表现源于建筑施工图的表现，所以图纸编号的方法也与建筑施工图编号的方法相似。

一、各设计类型工程图纸图号编制办法

◎建筑类工程编号：与合同编号一致（如ZS1305 代表装饰施工图 13 年第 5 个项目）。有的设计图纸以 ZS 为图纸首字代表装饰施工图，如 ZS—01、ZS—02 等；有的以汉字"装施"为首字，后接图纸编号，如装施—01、装施—02 等，还有的将图纸分类标号，以拼音字母为为首字，后接图纸编号：

◎常用编号一般为：

①平面图：P-01、P-02 等。

②天花图：T-01、T-02 等。

③立面图：L-01、L-02 等。

④详图：C-01、C-02 等。

有的图纸编号还可以进行进一步的细分，以便更好地归类和管理。各个设计单位图纸编号方法也有各自的方法和细节。

◎其他专业图号一般为：

建筑专业：　　　J-01。

结构专业：　　　G-01。

给排水专业：　　S-01。

电气专业：　　　D-01。

空调、通风专业：F-01。

另：图纸目录不需编图号。

二、图纸修改后的图号编制方法

◎图纸经过修改重新出图，原图纸作废。在各图号后冠以小写字母，第一次修改为 a，第二次修改为 b，如此类推。如建筑专业第一次修改图纸图号为：J-01a，第二次为：J-01b。

◎图纸经过修改出补充图纸的，原图纸保留。在各图号后加一杠后再冠以数字，第一份补充图纸为 -1，第二份补充图纸为 -2。如建筑专业第一份补充图纸图号 J-01-1，第一份修改图的补充图的图号 J-01a-1。

◎注意修改后的图纸除了要给予新图号外，图纸日期也需同时更新。另外，无论是修改或增加图纸都要同时出一份新的对应的图纸目录，目录与图纸号必须完全一致。

三、同一工程含多个项目的，不需在图号上反映，只需在工程名称中列出，图号仍按上述方法编注。

[提问5]:

在施工图图签中有"审核、审定、设计、制图"几栏要签字，如果出现了设计问题，请问责任分配是怎样的？制图要承担责任么？

[解答5]:

设计院，一般是要实行二审三校制度的。即设计人自校、自审；校对人校对；审核人审核。一张图纸出手要经过至少三个人的签字，从而保证设计质量。其中每个人按照自己所在的岗位负责，拿相应岗位的钱。设计的岗位一般包括：设计人、专业负责人、校对人、审核人等，而审定人通常是行政的。

各岗位所承担的责任如下：

1. 专业负责人。

在室主任及主任工程师的领导下，院级工程在院长及总工程师领导下，配合工程负责人组织和协调本专业的设计工作，对本专业设计的方案、技术、质量及进度负责。

2. 设计人。

技术上、设计上接受专业负责人的指导与安排，对本人的设计进度和质量负责。

3. 校对人。

在专业负责人领导下，对所校对的设计成品的质量负责。

4. 审核人。

审核人应该在各设计阶段到位，参与方案、重要技术问题的讨论、审查与决策。

5. 审定人。

审定人从院或室的行政领导角度对成品质量负责。

/ 教学关注点

通过本章学习，学生可以了解到室内环境施工图设计的表现与表达内容，包括扩初设计阶段、施工图文件的主要表达内容和施工图的表现与表达的策略。这一部分补充修改了前一阶段的设计内容，协调各专业的图纸绘制，使整体设计完整呈现，更加具体细致化且具有可操作性。实现了图纸在施工过程中真正的指导作用。

本章的教学关注点如下：
1. 了解扩初阶段文件的编制的目标和要求、严肃性、法规性、特点和内容，以及编写的方法。了解方案设计与施工图设计的中间环节及相关内容。

2. 掌握室内环境施工图设计的主要内容，建立室内环境与外环境施工图的关系，了解与室内环境相关的各专业系统的施工图要求及特点，统筹协调各专业施工图内容以达到设计的整合性要求，掌握室内环境施工图的主要表达内容与表现方法和技巧。

3. 掌握室内环境施工图的表现与表达的策略。掌握施工图的阅读步骤，清晰施工图的表达内容；掌握施工图中的常用专业符号，以便表达过程熟练使用；熟悉运用室内环境施工中的常用材料，了解材料的尺寸、结构特点等相关知识，能够准确地绘制各种材料的施工工艺做法图纸；了解施工规范及相关法规，熟练掌握法规的查阅方法，并将其运用得当，保障设计的合理与合法，以达到安全与舒适的要求；积累施工图表现与表达的经验，准确、清晰、快速地表现施工图的设计内容。

/ 训练课题

一、训练课题目的
通过本章的学习，使学生明确施工图在工程中的重要作用，了解施工图的设计规范，熟悉施工图的表现与表达方式。

二、训练课题要求
1. 绘制室内施工图设计阶段的图纸。
2. 要求满足施工图规范内容，完成完整的施工图内容，包括：设计目录、设计说明、材料说明、施工平面图、立面图、剖面图和节点大样图。
3. 整理相关图纸内容，采用适当的表现方式以达到表现目的。

三、训练课题设计表达
1. 图纸准确、清晰并符合施工图设计规范。
2. 注意线形的表现、图纸的完整性，要求图纸关系清晰、图签明确，设计说明及材料说明符合实际规范要求。
3. 图纸递交以蓝图为佳，了解底图及晒图的制作过程，在最后出图前做好充分的校对工作，避免设计和制图所出现的错误。最后将图纸装订成册，递交完整的设计施工图。

/ 参阅资料

1.《设计表达》，邵龙、赵晓龙 著，中国建筑工业出版社，2006 年 12 月 1 日出版
2.《环境艺术设计表达》全国高等院校设计艺术类专业创新教育规划教材，朱广宇 著，机械工业出版社，2011 年 3 月 1 日出版
3.《设计手绘表达：思维与表现的互动》，崔笑声 著，中国水利水电出版社，2005 年 3 月 1 日出版
4.《建筑结构设计术语和符号标准(GBT50083 97)》，中华人民共和国国家标准本书编委会 编，法律出版社，1998 年 3 月 1 日出版
5.《中华人民共和国工程建设标准强制性条文》：房屋建筑部分（2013 年版）
6.《工程建设标准强制性条文实施导则（房屋建筑部分）》，本书咨询委员会 编，中国建筑工业出版社，2004 年 2 月 1 日出版
7.《室内设计资料集》，张绮曼、郑曙旸 著，中国建筑工业出版社，1991 年 6 月 1 日出版
8.《施工项目管理》，金同华 著，机械工业出版社，2006 年 8 月 1 日出版
9.《中华人民共和国国家标准：建设工程项目管理规范（GB/T50326—2006）》，中华人民共和国建设部（编者），中国建筑工业出版社，2006 年 8 月 1 日出版
10.http://wenku.baidu.com 百度文库

设计变更是工程施工过程中保证设计和施工质量、完善工程设计、纠正设计错误以及满足现场条件变化而进行的设计修改工作。一般包括由原设计单位出具的设计变更通知单和由施工单位征得原设计单位同意的设计变更联络单两种。

如果想进行设计变更，首先要清楚进行变更的目的和变更后成本会发生什么变化，然后再找设计师办理设计变更手续，设计师会根据变更提出方的变更要求，设计相应的施工图纸，并列出变更费用的清单，交给监理或工程经理去具体实施。特别要注意，不要认为在施工现场以口头方式通知正在干活的工人就算做了项目变更，一是工人可能根本不会执行，另外发生的费用也无法准确核算。其二也不要找监理或工程经理进行项目变更，他们可能会按您的要求去做，但如果发生纠纷就说不清楚，他们只有执行合同的义务，并无项目变更的权利。设计变更属于合同的范畴，因此找设计师最为妥当。

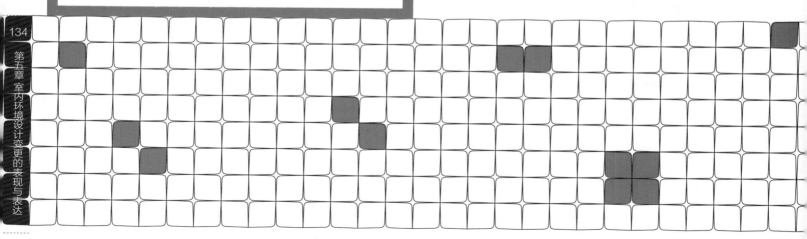

第五章 室内环境设计变更的表现与表达

1. 设计变更的目标要求
2. 设计变更的表达形式
3. 设计变更的策略

/ 问题与解答
/ 教学关注点
/ 训练课题
/ 参阅资料

第一节

设计变更的目标要求

/ 设计变更的内容
/ 设计变更的提出
/ 设计变更的分类
/ 设计变更的审批
/ 设计变更的施工指令下达

本节通过对设计变更内容、提出、分类、审批和下达的学习，让学生了解设计变更阶段的目标与要求。了解设计变更的重要性和必要性及变更对设计和施工的影响是本节学习的重点。

一、设计变更的内容

（一）设计变更的概念

设计变更是指设计单位依据建设单位要求调整，或对原设计内容进行修改、完善、优化。设计变更应以图纸或设计变更通知单的形式发出（见图5-1）。设计变更关系到进度、质量和投资控制。

根据以上定义，设计变更仅包含由于设计工作本身的漏项、错误或其他原因而修改、补充原设计的技术资料。设计变更和现场签证两者的性质是截然不同的，凡属设计变更的范畴，必须按设计变更处理，而不能以现场签证处理。设计变更是工程变更的一部分内容，因而它也关系到进度、质量和投资控制。所以加强设计变更的管理，对规范各参与单位的行为，确保工程质量和工期，控制工程造价都具有十分重要的意义。

设计变更应尽量提前，变更发生得越早则损失越小，反之就越大。如在设计阶段变更，

则只须修改图纸（见图5-2），其他费用尚未发生，损失有限；如果在采购阶段变更，不仅需要修改图纸，而且设备、材料还须重新采购；若在施工阶段变更，除上述费用外，已施工的工程还须拆除，势必造成重大变更损失。所以要加强设计变更管理，严格控制设计变更，尽可能把设计变更控制在设计阶段初期，特别是对工程造价影响较大的设计变更，要先算账后变更。严禁通过设计变更扩大建设规模、增加建设内容、提高建设标准，应使工程造价得到有效控制。

设计变更费用一般应控制在建安工程总造价的5%以内，由设计变更产生的新增投资额不得超过基本预备费的三分之一。

（二）设计变更的目的和范围

1. 建设过程中的工程变更，对工程质量、工期和造价都可能产生影响。为了规范工程变更的申报、审查、批准等工作程序，特制定本制度。

2. 在施工图审查过程中向设计单位提出的设计调整或修改意见，设计院直接修改图纸，可不统计为设计变更。

（三）设计变更的职责

1. 所有工程变更都必须经过建设单位批准。在审批工程变更时，建设单位应确认因变更引起的工期和工程造价等方面的影响。

2. 经建设单位批准的工程变更，都必须由设计单位发出设计变更通知单才可付诸实施（见图5-3）。

3. 项目监理部负责审查工程变更的申请，监督检查经建设单位批准的工程变更的实施。

4. 施工单位负责工程变更的实施。

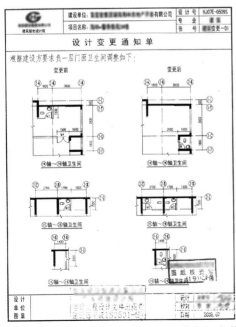

图5-1 卫生间调整变更通知单

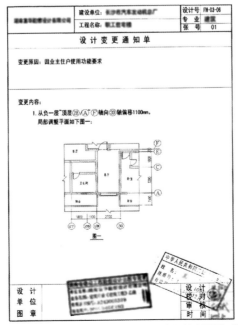

图5-2 平面局部调整变更通知单

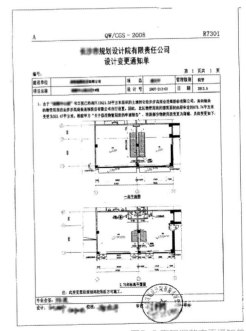

图5-3 面积调整变更通知单

二、设计变更的提出

（一）工程变更的主要原因

1. 设计图纸有差错或设计内容深度不够。

2. 设计与实际情况不符合，或者设计条件（地质、设备等）有变化。

3. 由于现场条件所限，设计采用的材料规格、品种、质量不能完全符合要求。

4. 上级（项目审批）单位提出变更要求。

5. 因施工问题需要做出变更。

6. 为节约投资或改善运行条件的需要而做出变更。

7. 根据技术改进或合理化建议的需要，做出变更。

（二）工程变更的提出单位

工程变更的要求可以由设计单位、建设单位、施工单位、调试单位、设备制造单位等提出。

1. 设计单位的工程变更要求，可以使用施工图升版的方式或者直接向建设单位发出设计变更通知单的方式提出。设计变更通知单应说明变更原因、内容、工程量增减及其相关预算费用等内容。

2. 建设单位的工程变更要求，可使用工程联系单直接向设计单位提出，比较重大的变更要求应向设计单位发出正式公函。上级（项目审批）单位和运行单位的工程变更要求，都应当通过建设单位提出。

3. 项目监理部的工程变更要求，可使用工程联系单直接向设计单位提出，建设单位审批。

4. 施工单位或设备供应商的工程变更要求，应填写工程变更申请单，报项目监理部审查、建设单位审批。

三、设计变更的分类

（一）小型变更

不改变设计原则、不影响质量和安全经济运行、不影响外观形象，而且不增减预算费用的变更事项。例如图纸尺寸的差错更正、材料等换算代用、图纸细部增补详图、图纸间矛盾问题的处理等。这类变更不引起工程费用变更或变更甚少。

（二）一般变更

工程内容与工程量有少量变化，但不涉及可研或初步设计已审定的原则，或对局部施工计划与施工进度有一定影响，但不影响工程总进度。变更引起的工程费用的增减，按施工合同约定无需调整。

（三）较大变更

施工图的设计范围、工艺流程、设备布置有一定变化，但未违反初步设计审定的设计原则，不影响工程质量和建设总工期，或者变更引起的工程费用增减，按施工合同约定需要调整。

（四）重大变更

涉及可研或初步设计审定的设计原则、方案或规模、主要设备换型，工程费用增加超限，从而将导致原审定的概算调整。

四、设计变更的审批

（一）审查工程变更原则

1. 不得降低在建工程的使用标准。

2. 在技术上必须可行、可靠，不得影响工程质量。

3. 引起的工程费用增加或减少必须合理。

4. 引起的工艺改变不能太繁琐，生产运行必须安全、经济、可靠。

5. 不得影响职业安全和环境保护。

（二）工程变更的文件审查内容

1. 变更原因应具体明确，不得含糊其词，变更内容应表述清楚。

2. 应有相应级别的技术、经济负责人签字，不得出现超越职权范围的现象。

3. 有关的附件，包括合同与变更有关的信函、协议书等必须齐全。

4. 应核算由工程变更引起的工程量和投资的变化。

（三）小型变更和一般变更要求

属于小型变更和一般变更的工程变更要求，项目监理部提出审查意见后，报建设单位审批。建设单位批准后即可交设计单位填发设计变更通知单。

五、设计变更的施工指令下达

（四）较大变更审批

属于较大变更的，项目监理部在审查时应进行质量、费用和工期评估，形成评估意见后，报建设单位审批。评估工作应包括以下几方面的内容：

1. 变更后的工程与原工程的类似程度和难易程度，以及对原设计方案的影响程度。

2. 变更的可行性。

3. 变更后的工程量，对工期的影响。

4. 变更后的工程单价和总价。

5. 就造价和工期的评估意见分别与施工单位和建设单位进行协商。

建设单位在确认项目监理部的评估意见之后，如果批准变更，即可提出批复意见或者以正式行文的方式提交设计单位，由设计单位填发设计变更通知单。

（五）重大变更审批

属于重大变更，应由提出变更的单位写出书面文件，建设单位可先将要求变更的文件批转设计单位，委托设计单位提出包括变更依据、方案论证、施工图纸、设备材料清单、变更概（预）算等内容的设计变更通知单。再转报上级单位批准。

1. 设计单位提交的属于小型变更和一般变更的设计变更通知单，应由项目监理部审查，提出意见，报建设单位审查后，由项目监理部使用监理工程师通知单向施工单位下达工程变更施工指令，已完成审批程序的设计变更通知单应作为监理工程师通知单的附件（见图5-4）。

2. 设计单位提交的属于较大变更的设计变更通知单，先由监理审查，提出意见，报建设单位审批。项目监理部应组织进行图纸会检，同时使用监理工程师通知单向施工单位下达工程变更的施工指令，已完成审批程序的设计变更通知单和图纸会检纪要都应作为监理工程师通知单的附件。

3. 设计单位提交的重大变更或增加费用超限额的设计变更通知单，由建设单位提交原审批单位批准之后，设计单位应正式出版新的施工图设计文件；工程变更的施工指令下达按。

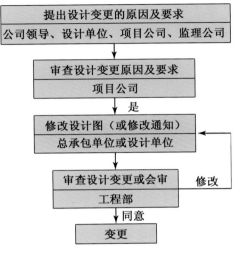

图5-4 设计变更程序

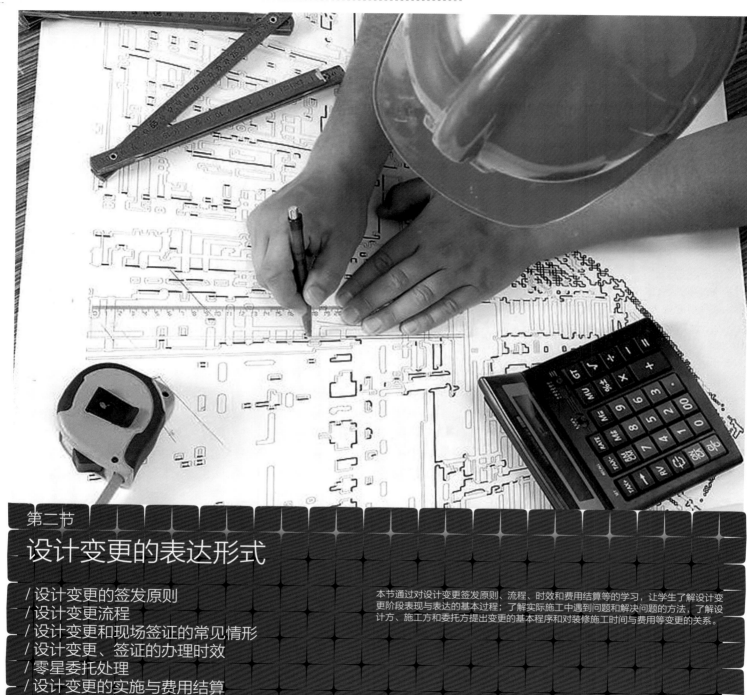

第二节

设计变更的表达形式

/ 设计变更的签发原则
/ 设计变更流程
/ 设计变更和现场签证的常见情形
/ 设计变更、签证的办理时效
/ 零星委托处理
/ 设计变更的实施与费用结算

本节通过对设计变更签发原则、流程、时效和费用结算等的学习，让学生了解设计变更阶段表现与表达的基本过程；了解实际施工中遇到问题和解决问题的方法，了解设计方、施工方和委托方提出变更的基本程序和对装修施工时间与费用等变更的关系。

一、设计变更的签发原则

设计变更无论是由哪方提出，均应由监理部门会同建设单位、设计单位、施工单位协商，经过确认后由设计部门发出相应图纸或说明，并由监理工程师办理签发手续，下发到有关部门付诸实施。但在审查时应注意以下几点：

1. 确属原设计不能保证工程质量要求，设计遗漏和确有错误以及与现场不符无法施工非改不可。

2. 一般情况下，即使变更要求可能在技术经济上是合理的，也应全面考虑，将变更以后所产生的效益(质量、工期、造价)与现场变更往往会引起施工单位的索赔等所产生的损失，加以比较，权衡轻重后再做出决定。

3. 工程造价增减幅度是否控制在总概算的范围之内，若确需变更但有可能超概算时，更要慎重。

4. 设计变更应简要说明变更产生的背景，包括变更产生的提出单位、主要参与人员、时间等。

5. 设计变更必须说明变更原因，如工艺改变、工艺要求、设备选型不当，设计者考虑需提高或降低标准、设计漏项、设计失误或其他原因。

6. 建设单位对设计图纸的合理修改意见，应在施工之前提出。在施工试车或验收过程中，只要不影响生产，一般不再接受变更。

7. 施工中发生的材料代用，办理材料代用单。要坚决杜绝内容不明确的，没有详图或具体使用部位，而只是增加材料用量的变更。

设计变更、签证的办理流程要规范、明确，审批的权责要清晰，这样可以有效地掌握设计变更、签证的动态，并且通过层层把关，更好地控制设计变更、签证的成本。

设计变更、签证的办理首先由设计、工程等立项部门根据实际情况提出变更指示或变更要求，然后由成本部根据变更资料进行估算，经办部门根据费用大小报审批权限人进行审批，最后由工程部经理审核签发，工程师通知监理、施工单位施工，由监理、现场工程师确认完成情况，确认后施工单位在5日内上报变更结算书，成本部在5日内审完变更结算并核对，签字盖章存档。

值得一提的是流程中对设计变更、签证实行先估算后实行这一过程很重要，有利于对整个动态成本的管控：成本部对设计变更、签证进行估算完成后，应就累计发生的成本(合同价＋已发生的累计变更、签证额＋本次发生的估算金额)及后期可能发生的预估金额与目标成本进行对比分析，如发现超目标成本，应及时与设计、工程等立项部门进行沟通，由立项部门进行优化，以保证控制在目标成本范围内。如确因工程需要且无法优化而造成超标时，应及时将情况上报集团成本部，并按公司相关制度进行成本预警，这样就可以对未知的风险进行很好的控制。有些公司在进行动态成本控制时忽略了这一过程，以至于对设计变更、签证成本无法控制，造成有些签证造价过大，大大地超出了动态成本的目标范围。

二、设计变更流程

（一）施工单位提出变更申请

1. 施工单位提出变更申请报总监理工程师。

2. 总监理工程师审核技术是否可行，审计工程师核算造价影响，报建设单位工程师。

3. 建设单位工程师报项目经理、总经理同意后，通知设计院工程师，设计院工程师认可变更方案，进行设计变更，出变更图纸或变更说明。

4. 变更图纸或变更说明由建设单位发监理公司，监理公司发施工单位、造价公司。

（二）建设单位提出变更申请

1. 建设单位工程师组织总监理工程师、审计工程师论证变更是否技术可行、造价影响。

2. 建设单位工程师将论证结果报项目经理、总经理同意后，通知设计院工程师，设计院工程师认可变更方案，进行设计变更，出变更图纸或变更说明。

3. 变更图纸或变更说明由建设单位发监理公司，监理公司发施工单位、造价公司。

（三）设计院发出变更

1. 设计院发出设计变更。

2. 建设单位工程师组织总监理工程师、审计工程师论证变更影响。

3. 建设单位工程师将论证结果报项目经理、总经理同意后，变更图纸或变更说明由建设单位发监理公司，监理公司发施工单位、造价公司（见图5-5）。

注：

1. 重大设计变更的概念：

（1）单体建筑总平位置的调整及因此引起的补堪。

（2）建筑造型调整，外立面材质和色彩的定板及调整。

（3）建筑高度的调整、楼层标高的调整。

（4）建筑结构体系、布局的调整。

（5）影响工程进度超过3天的设计变更。

（6）室内装饰材料（瓷片、地砖、吊顶面板等）的定板及调整。

2. 设计变更实施后，需重复进行变更的，报公司领导审批后进行变更；造成超过1万元以上经济损失的，报公司总经理审批。

3. 设计变更单由部门长签字生效。

4. 在设计变更工作流程中各部门应充分沟通、全力协作，切实提高工作效率。

5. 实行"首问负责制"：首先发现需变更设计者，有责任知会相关专业负责部门并确认已进入设计变更流程。

6. 应急情况处理：必须立即执行且延缓实施会造成重大损失的变更可由设计部（或项目部）负责人签署并实施，但在处理过程中必须知会工程管理部及相关部门并在变更实施之日起3日内完成相关手续。

7. 效率途径：相关责任部门在已明确设计变更做法的情况下，可在完成设计变更单及专业会签的同时知会工程管理部进行分类管理。

设计变更工作流程

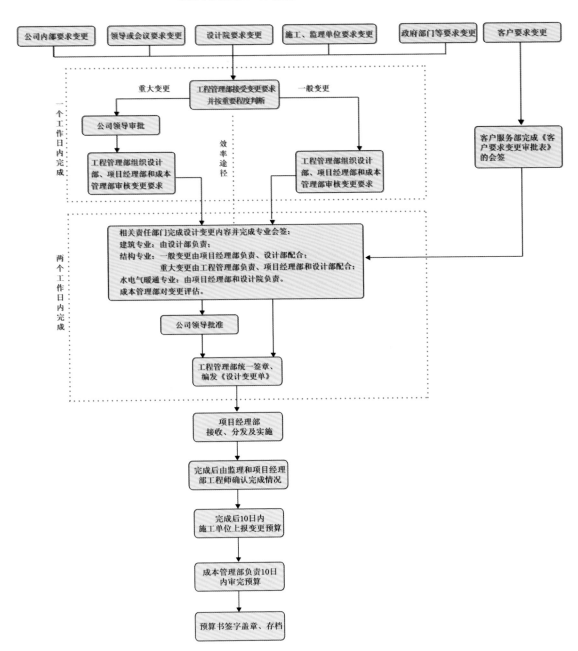

图5-5 设计变更工作流程

三、设计变更和现场签证的常见情形

（一）设计变更一般有几种情形

1. 在设计交底阶段发生，因设计前期相关准备资料不全或设计考虑不充分，或者因设计人员业务水平原因，导致设计单位设计图纸深度不够，存在工作失误，产生错误、遗漏、缺失等现象，经审图发现问题而纠正施工图纸中的失误或其他变更事项（见图5-6）。

2. 工程实施阶段中发生，主要是由于建设单位原因引起。如工程开工后，由于某些方面的需要，建设单位提出要求改变某些施工方法或增减某些具体工程项目等，导致发生做法变更、材料代换或其他变更事项。或者建设单位对项目定位发生改变，改变建设标准、建设规模、使用功能等内容，对设计进行结构上、外观上及功能上等方面的局部或大部分的修改等（见图5-7）。

3. 由于施工条件、外面环境等发生变化，在施工中遇到一些原设计未预料到的具体情况，需要进行处理，因而发生的设计变更。如碰上地质条件的变化导致基础结构变更、因外面市场环境变化采用新工艺或新材料或其他施工措施等（见图5-8）。

（二）现场签证大致也有几种情形

1. 施工过程中因图纸设计深度不够，许多细节地方描述不详，导致对许多施工内容不能完全以图纸反映而应以签证处理。

2. 工程实施过程中，由建设单位原因引起，主要是对图纸中的有些内容在不影响结构安全情况下对有些做法进行一定的调整、修改或删减，或对原图纸未包含的内容根据实际需要增加施工内容等（见图5-9）。

3. 施工场地受限制，原定常规施工方法不能正常施工，而根据现场地点进行调整而发生的签证。

4. 施工中工程条件与设计有所差异，碰上一些意想不到的情形，如遇到一些非常规的工程内容，需要签证处理。

四、设计变更、签证的办理时效

设计变更、签证办理的时效性对其管理工作非常重要，不及时、合理地处理设计变更、签证，会对工程进度造成重大的影响，而且对后续工作的开展造成障碍。设计变更、签证时间拖延太久，时过境迁，原来的情况已经完成或隐蔽，熟悉情况的工程师可能调换，造成设计变更、签证论证、证据不足，给后续工作造成很大的困难。

正常的设计变更和现场签证单应由有效签字人共同签署完成，并与承包单位核定费用后，才通知承包单位开始实施，特急类设计变更和现场签证可以先实施再核定费用，如属隐蔽工程，则必须要求承包单位在隐蔽部位覆盖之前提出预算并对清工程量。对于费用未核定的单，发包单位工程部必须督促承包单位尽快计算变更签证费用，最迟在变更签证内容全部施工完成后的5日内（自监理及甲方工地代表确认完工情况的日期开始计算），向甲方报送完整的变更签证结算书。设计变更现场签证由成本管理部负责5日内核定工程量，确定造价。监理、现场工程师应在变更、签证内容完成的5个工作日内在签证单上对完成情况进行说明。

在施工合同中，可能都会对设计变更、签证的办理时效进行约定，但实际操作起来，都不能够按照约定的执行，以致造成管理难度和混乱。有的工程可能都已竣工验收了，有些设计变更、签证还没有办理，这其中有施工单位的原因，也有发包人的原因。对于这个问题，我个人认为可以采取以下方法处理。首先对于由施工单位的原因造成的，可以在合同附件中再签署关于设计变更、签证办理的协议，在合同或设计变更、签证协议中约定"承包方违反设计变更、签证结算时间的违约条款，每拖延一天，则扣减上报结算总价的5%，扣完为止"等处罚等款，施工单

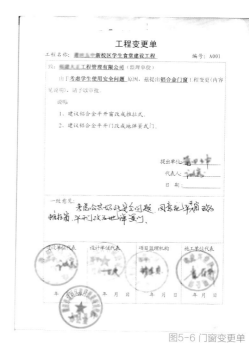

图5-6 门窗变更单

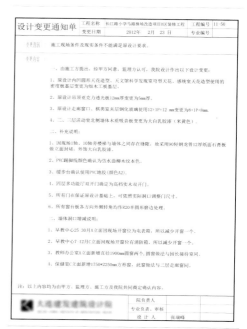

图5-7 施工内容变更通知单

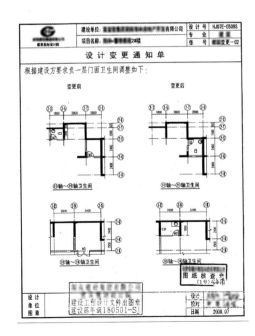

图5-8 楼梯变更通知单

图5-9 门面卫生间位置变更通知单

位没有遵照执行，严格按照处罚条款执行。产生上述情况，最主要的原因还是发包人没有严格按照合同或协议条款进行相对有力度的管理，不严格执行协议，施工单位就会找各种理由来延迟办理设计变更、签证。其次对于由发包人的原因造成设计变更、签证时效过长，可以采取将设计变更、签证时效处理纳入到绩效考核指标，督促管理人员的办理效率，达到按时办理的目的。

五、零星委托处理

在施工过程中，可能会出现一些合同范围之外的零星工程，以签证形式委托给承包单位施工，承包单位可能会以工程量少、施工难度大为由，采取报天价或者不平衡报价方式，以阻止发包人对其进行委托，造成发包人无法有效控制成本、施工进度拖延、工作时效降低。为控制工程成本和提高工作效率，我认为对于造价3万元以下的工程可采取零星委托的方式来进行处理。

零星委托一般由项目工程师进行立项，经过工程管理部审批后实施，委托给已签订零星工程委托协议的施工单位进行，施工单位必须通过招标确定，由成本部牵头，工程管理部和成本部共同参加，开展招投标工作，确定中标单位后，签订施工合同，明确工程要求及费用结算的各项条款。施工过程中，现场工程师和监理对施工质量把关，对于隐蔽工程，必须在隐蔽前完成对实际施工工程量的复核和确认，并做好有效记录，工程验收后，主办工程师在3天内完成工程竣工验收并负责对工程量的审核，填写《零星工程竣工验收单》。

零星工程委托作为独立的委托事项应单独办理结算和付款手续，可不作为主合同的增加内容办理签证后并入主合同的结算中。

六、设计变更的实施与费用结算

设计变更的实施后，由监理工程师签注实施意见，但应注明以下几点：

1. 本变更是否已全部实施，若原设计图已实施才发变更，则应注明。因牵扯到原图制作加工、安装、材料费以及拆除费，若原设计图没有实施，要扣除变更前部分的费用。

2. 若发生拆除，已拆除的材料、设备或已加工好但未安装的成品、半成品，均应由监理人员负责组织建设单位回收。

由施工单位编制结算单，经过造价工程师按照标书或合同中的有关规定审核后作为结算的依据，此时也应注意以下几点：

1. 由于施工错误造成的，正常程序相同。但监理工程师应注明原因，此变更费用不予处理，由施工单位自负，若对工期、质量、投资效益造成影响的，还应进行反索赔。

2. 由设计部门的错误或缺陷造成的变更费用，以及采取的补救措施，如返修、加固、拆除所生的费用，由监理单位协助业主与设计部门协商是否索赔。

3. 由于监理部门责任造成损失的，应扣减监理费用。

4. 设计变更应视作原施工图纸的一部分内容，所发生的费用计算应保持一致，并根据合同条款按国家有关政策进行费用调整。

5. 材料的供应及自购范围也应同原合同内容相一致。

6. 变更削减的内容，应按上述程序办理费用削减，若施工单位拖延，监理单位可督促其执行或采取措施直接发削减费用结算单。

7. 合理化建议也按照上面的程序办理，励奖、提成另按有关规定办理。

8. 由设计变更造成的工期延误或延期，则由监理工程师按照有关规定处理。凡是没有经过监理工程师认可并签发的变更一律无效；若经过监理工程师口头同意的，事后应按有关规定补办手续。

第三节

设计变更的策略

/ 处理设计变更应注意的几个问题
/ 减少施工过程中的设计变更
/ 目前签证存在的主要问题以及措施
/ 加强设计变更和工程签证管理的措施

本节通过对设计变更策略的学习，让学生了解室内装修施工阶段处理设计变更注意事项，如何减少变更的措施和方法，怎样保证施工顺利进行而采取的有效管理方法。

一、处理设计变更应注意的几个问题

在施工过程中引起的设计变更，不论是主观因素还是客观因素引起的，业主、施工单位及参与建设的相关单位都应该认真进行分析、测算，以实事求是的态度科学对待。归纳起来，处理设计变更时主要注意以下几个问题：

1. 对设计代表在施工期间提出的设计变更，应尽快了解变更的工程部位，该部位施工已经进展的程度及可能带来的影响，尽可能把因设计变更导致的损失减小到最低程度。

2. 对业主、监理单位提出的设计变更，一定要熟悉承包合同条款及技术规范，对超出合同规定的指令性变更，承包商有权申辩，损失可以通过索赔求得经济上的补偿。

3. 承包商自身提出的设计变更，务必事先做好调查研究，变更依据一定要充分合理，按规定程序向监理、业主提交有关资料，以待审批解决。

4. 对沿线地方相关者提出的变更设计，应积极配合，既要保护地方利益，也要照顾到施工可行性及承包商自身的经济利益。

二、减少施工过程中的设计变更

1. 设计前进行调研，将房屋使用要求正确完整仔细地表达出来。

2. 要给予设计单位相对充足的时间，便于他们完成满足施工要求的图纸。图纸要达到规范规定的设计深度和施工要求。

3. 要仔细审图，一方面要提交给各图纸审查单位审图，满足相关部门的要求；另一方面，建设单位要认真审图，确保图纸准确地表达了建设单位的建造意图，尽量减少错漏的发生。

4. 在施工前要各专业的施工队审好图，把一些施工难点、相互冲突的地方在施工前就提出来，并拟定解决方案。

5. 在施工前做好各方面的交底工作，以避免或减少在施工过程中的错误。

6. 施工措施设计变更还有一条很重要，就是少出设计变更。设计变更量是以几何级数的形式增长的，有一种恶性循环的累积效应。即使是出了设计变更，也尽量少出产生工程量增加的签证，只有这样才能控制设计变更的量。

三、目前签证存在的主要问题以及措施

（一）目前签证仍存在的问题

1.签证办理不及时

时间是签证的基本要求之一，也是签证准确度的基础。但有的业主现场代表不负责任，对该签证的项目当时不办理或只是口头答应，事后靠追记补办，甚至在结算审计过程中还在补办签证手续。这样可能会对现场发生的具体情况回忆不清，补写的签证单与实际发生的条件不符，数据不准，在结算审计过程中容易发生双方相互扯皮的现象。

2.用词模棱两可、操作性差

操作性差是指签证单中的资料记载不详，签证定性不定量，模棱两可，对签证的佐证材料没有及时搜集、整理，甚至认为无关紧要。造成计算费用的依据不足，无法计算应发生的费用，俗称操作性差。

3.存在虚假签证

施工单位巧立名目，弄虚作假，有意歪曲规定的界限含义；甚至钻业主现场代表不熟悉情况的"空子"，骗得签证。

4.签证资料保存不完整

签证资料缺乏保管，签证记录不完整，有时还会出现施工单位擅自涂改原始签证资料的情况。

（二）解决签证具体措施

1.提高业主现场代表的责任感

加强签证管理人员的职业道德教育，提高他们对工程建设高度的责任感，在合同条款规定的范围内，正确使用手中的权力，努力维护业主自身的利益，确保投资总目标的顺利实现；签证管理人员应具有一定的合同管理和经济管理知识，对确需发生变更和现场签证的内容，能客观提出专业解决意见，办理施工签证时，一定要做到实事求是，尽职尽责，对所签字资料高度负责（见图5-10）。

2.尽量减少设计变更

设计变更是引起签证最大的源头。在源头上就有深化设计，尽量减少施工中设计变更的发生，才能尽量减少现场签证。确需发生设计变更的，首先应认真分析引起设计变更的原因，对于想通过设计变更扩大建设规模，提高设计标准，增补项目内容的，一般情况下不予办理，除非不变更会影响工程的质量、安全和使用功能。其次应认真对待必须发生的设计变更，对所有的设计变更，必须由设计单位、业主代表、监理单位总工程师共同签章认可方为有效。

3.明确签证的权限

目前的现场签证较普遍的方式是由承包商提出，经监理代表和业主代表核实后予以签认。但因签证涉及的费用大小不等、签证内容的性质不同，因此在实际签证过程中，必须对签证权限作以下限制。

（1）对单张签证涉及费用大小的权力限制。业主应限制项目签证人员权限，根据签证费用的大小，建立不同层次的签证和审批制度。涉及金额较小的内容由监理代表和业主代表共同签字认可；涉及金额较大的内容在由监理代表和业主代表共同签署意见后报上一级管理部门审核。具体金额的签证权限应在施工合同签订时约定。

（2）涉及签证内容的业务权限。项目签证应严格区分技术类、经济类及技术经济混合类各种不同的类型，建立专业分工的签认制度。对技术类的签证，应授权各技术人员实施；对经济类的签证，应授权有造价管理业务水平的人员实施；而技术经济类的签证则应由技术人员与造价管理人员共同商讨后再签署（见图5-11）。

（3）对于技术复杂涉及金额较大的重大设计变更，须由业主组织召开专题会议，形成会议纪要，签署补充合同的形式予以确定。

4.现场签证的管理

现场签证应随发生、随解决、随签证，不得拖延；特殊情况不能停止施工等待办理签证的，须经过与业主现场代表和监理单位现场代表商议后，遵照"随做随签，一项一签，一事一单"原则，避免过期补签。

（1）工程技术签证的管理

这是业主、监理与承包商对某一施工环节技术要求或具体施工方法进行确认的一种方式，是施工组织设计方案的具体化和有效补充，因其有时涉及的价款数额较大，故不可忽视。对一些重大施工组织设计方案、技术措施的临时修改，应征求设计人员、业主、监理的意见，必要时应组织相关人员进行论证，使之尽可能的安全、适用和经济（见图5-12）。

（2）工程经济签证管理

是指在工程施工期间由于现场条件变化、设计原因、业主要求、环境变化等可能造成工程实际造价与合同造价产生差额的各类签证，主要包括业主违约、非承包商引起的工程变更及工程环境变化、合同缺陷、合同外增加工作内容等。因其涉及面广，项目繁多复杂，因此要求签证管理人员切实把握好有关定额、文件及合同条款规定，尤其要严格控制签证范围，确保签证内容符合招标文件及施工承包合同的有关规定。

（3）现场签证材料要及时归档

各项设计变更单、施工记录单、工程量和材料设备签证单，业主工程管理部门要认真登记和归档，与签证有关的施工日志、施工进度表、施工备忘录、例会记录、工程照片（对于一些重大的现场变化，还应及时拍照

图5-10 设计师对变更内容应实事求是、尽职尽责

图5-11 技术人员针对变更内容做标记

图5-12 在现场设计师给施工人员讲解变更内容

或录像，以保存第一手原始资料）和验收报告等资料，作为签证的佐证材料，应及时搜集、整理、妥善保存。避免事过境迁，发生补签和结算的困难（见图5-13）。

（4）建筑材料单价的签证管理

价格签证要符合招标文件和市场行情。价格签证的依据，首先是不得超过投标单位中标造价所规定的同类材料价格；其次要以当地工程造价管理部门和物价管理部门发布的材料信息价格为指导价；另外，对业主暂定价材料及合同外增加的大宗材料等，达到政府规定的招标额度的，必须通过招标定价。

（5）现场签证内容应完整、真实、准确

现场签证单上的内容应完整、记录真实、说明详尽、文字表述无二意、图示尺寸准确、计算过程符合工程量计算规则、工程量计算无差错，施工签证及其附件能够相互解释，签证内容还应避免重复计算。如材料签证，就应将材料名称、规格、品种、质量、数量、产地、价格（要注明是预算价还是市场价）、供料方式、时间、地点等表述清楚。

（6）签证内容应区别不同性质

由建设单位原因造成工程量、材料变更所引起的签证属赔偿性质的，签证时应注明向施工单位支付的实际费用及利润，而因不可抗力或不可预见因素，使施工单位遭受损失所引起的签证，则属于补偿性质签证，签证只需注明施工单位所支出的实际费用（见图5-14）。

四、加强设计变更和工程签证管理的措施

1. 建立完善的管理制度。明确规范领导、施工技术、予结算等有关人员的责任、权利和义务，只有责权明确了，才能规范各级工程管理人员在设计变更和工程签证的管理行为，提高其履行职责的积极性。

2. 建立合同交底制度。让每一个参与施工项目的人了解合同，并做好合同交底记录，必要时将合同复印件分发给有关人员，使大家对合同的内容做到全面了解、心中有数，划清甲乙双方的经济技术责任，便于在实际工作中运用。

3. 严格区分设计变更和工程签证。根据我国的现行规定，设计变更和工程签证费用都属于预备费的范畴，但是设计变更与工程签证是有严格的区别和划分的。属于设计变更范畴的就应该由设计单位下发设计变更通知单，所发生的费用按设计变更处理。属于工程签证的由现场施工人员签发，所发生费用按发生原因处理。

4. 提高责任心和业务水平，严把设计变更和工程签证关。有关人员每接受一项工程时，首先要对施工图及合同等有关规定进行认真学习和了解，其次要经常深入施工现场，了解施工中的异常情况或施工工艺的变动对工程造价的影响。例如：地下室的层高2.2m，若提出变更，要慎重。因为2.2m，要计算综合脚手架，工程类别有可能提高，才能有效地降低实施阶段的工程造价，保证业主单位的有限资金能最大限度地发挥效益，是施工阶段控制工程投资的重要工作，也是考核工程建设成败的重要因素。只有重视并减少不必要的设计变更和加强现场签证的管理，才能提高现场签证的质量（见图5-15）。

图5-13 各类文件应及时搜集、整理、妥善保存

图5-14 设计变更可能会影响整个施工进程

图5-15 设计师要应对各种施工过程中的突发事件

总之，设计变更和现场签证管理工作既是施工阶段一项日常性、常规性工作，同时又是一项系统性、专业性较强的工作，它贯穿于整个施工阶段全过程。做好设计变更和现场签证管理工作，不仅影响到工程质量的好坏、工程进度的快慢，而且影响到工程投资的多少，是施工阶段控制工程投资的重要工作，也是考核工程建设成败的重要因素。只有重视并减少不必要的设计变更和加强现场签证的管理，提高现场签证的质量，才能有效地降低实施阶段的工程造价，保证业主单位的有限资金能最大限度地发挥效益。

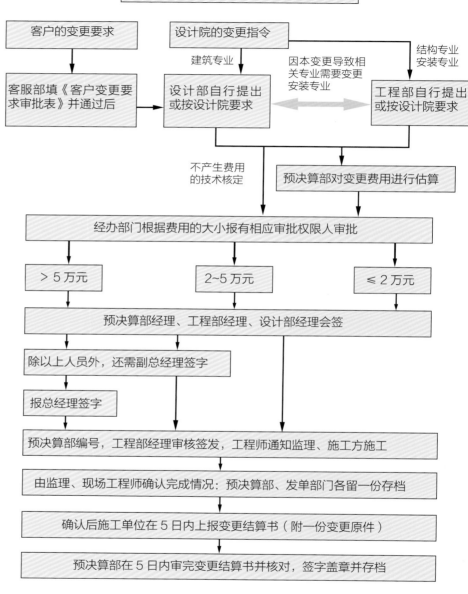

/ 问题与解答

[提问1]：

请问老师，材料样板及材料清单的制作内容有哪些？

[解答1]：

材料清单内容包括材料编号、名称、品牌、型号、规格、等级、位置、数量、参考价、供应商、地址、联系人及联系方式。

[提问2]：

我们做设计都希望成功，很怕在后期改来改去，其实我们主要担心的设计变更有哪些？

[解答2]：

有两种令人担心的设计变更，需要我们重点控制。

第一种是迟到的设计变更，现场已经施工了，因变更滞后出现重复施工的浪费。

第二种是设计变更涉及的内容，其计价方式在合同中没有约定（比如主材变了、施工工艺变了），只能以独家协商议价方式确定价格，房地产企业的工程成本管理"货比三家"的优势失效，必然会带来成本的增加。对于常规设计变更涉及的内容，其计价方式在合同中有约定，不用吵架，按合同计算。对于这种设计变更带来的工程成本的增减，不论其是设计缺陷或设计错误引起的，还是营销引起的，还是物业管理需要增加或减少的，都是该花的钱或是不该花的钱。

[提问3]：

设计完成后，特别是设计变更后的图纸该如何归档？请老师给予解答。

[解答3]：

一份施工图从设计单位完成后到交付施工单位实施，在施工过程中难免会遇到因原材料、工期、气候、使用功能、施工技术等各种因素的制约而发生变更、修改。竣工后其设计蓝图就与建筑实体有不相符合之处，如果不按照一定的规则对这些施工图进行修改就草率归档，就将给工程的维修、改扩建、规划利用等方面带来严重隐患。因此，工程竣工后，必须由各专业施工技术人员遵循相应的规则，把图纸会审记录、设计变更通知单等变更文件内容在施工图上进行改绘，使最终的竣工图与建筑实体相符，我们把这样修改后的图纸称作竣工图。

[提问4]：

工程施工完成后，设计师编制竣工图的最佳时间是什么时候？

[解答4]：

在工程建设施工过程中，必须按照归档制度注意收集积累各种变更文件，这些文件是编制竣工图的主要依据。

1. 原国家建委颁发的《关于编制基本建设工程竣工图的几项暂时规定》（［82］建发施字50号）规定："编制各种竣工图，必须在施工过程中（不能在竣工后），及时做好隐蔽工程记录，整理好设计变更文件，确保竣工图质量。"按照规定，竣工图的编制必须边施工边编制。

2. 工程建设周期一般较长，竣工后再编制竣工图，原始记录不易收集齐全，事后许多问题要靠回忆进行整理，往往因为当事人记不清楚，造成编制的竣工图不准确。

3. 施工中往往会出现管理组织，管理人员的变动和交替现象，特别是施工单位的人员变动，都会对竣工后编制竣工图有直接影响，容易出现责任不清或互相扯皮现象。

4. 有些施工单位承包的工程项目较多，技术力量不足，有时一个技术人员要负责几项工程，前面的工程刚接近收尾，新的工程又跟着上，随着时间的推移，竣工的项目越来越多，编制竣工图也就更困难。

5. 国家有关规定把编制竣工图的工作放在施工中进行，是百益而无害的，其优点是：

① 跟随施工进度进行编制：把繁重的工作量分散，可以克服技术力量不足的困难。

② 跟随施工进度编制，工程情况看得清，摸得准，观测清楚，编制准确。

③ 工程质量检查人员能及时核对竣工资料与实物的误差，以保证竣工图的质量。

151

[提问 5]:

设计中产生的费用有很多，请问编制竣工图的费用应该怎样收取比较合理？

[解答 5]:

编制竣工图所需的费用，凡属设计原因造成的，由设计单位解决；施工单位负责编制所需的费用，由施工单位在建设安装工程造价中解决；建设单位负责编制和需要复制的费用，由建设单位在基建投资中解决；建成使用以后需要复制补制的费用，由使用单位负责解决。这在建设单位或有关部门与承包单位签订的合同中要加以明确。

[提问 6]:

竣工图作为整个工程施工的收尾工作相当重要，编制竣工图的步骤比较繁琐，请问应该如何去做？

[解答 6]:

1. 收集和整理各种依据性文件资料

施工单位在施工过程中，应及时做好隐蔽工程检验记录，收集好设计变更文件，以确保竣工图质量。在正式编制竣工图前，应完整地收集和整理好施工图和设计变更文件。施工图是编制竣工图的基础，有一张施工图，就应编制一张相应的竣工图（施工图取消例外）。设计变更文件是竣工图的依据，它是所有原设计施工图变更的图纸、文件、有关资料的总称。其中，由设计单位提供的设计变更文件有设计变更单、设计技术核定单、补充设计图、修改设计图、技术交底图纸会审会议记录、各种技术会议记录，及其他涉及设计变更的文件资料等。由施工单位提供的设计变更文件有隐蔽工程验收单、工程联系单、技术核定单、材料代用单、其他设计变更的文件资料等。

2. 分阶段编制竣工图

竣工图是工程实际的反映。为确保竣工图的编制质量，要做到边建设边编制竣工图，也就是说以单项工程为单位，以每个单项工程中的各单位工程为基础，分阶段地编制竣工图。一般来说，在每个单位工程中，竣工图绘制与工程交工验收的时间差，应不大于一个分部工程的施工进程。在每个单位工程交工后，施工单位应限时（1 个月内）绘制完成该单位工程的全部竣工图，并提供给建设单位予以复核、检查。监理、建设单位应对施工单位绘制竣工图的情况进行监督、检查，发现问题及时指正，确保竣工图的完整、准确、规范化、标准化。

3. 竣工图的审核

竣工图编制完毕后，监理单位应督促和协助各设计、施工单位负责检查其竣工图编制情况，发现不准确或短缺时要及时修改和补齐。承担施工的项目技术负责人还应逐张予以审核签认。采用总包与分包的建设项目，应由各施工单位负责编制所承包工程的竣工图，汇总整理工作由总包单位负责，竣工图的审核重点是能否准确反映工程施工实际情况。审核竣工图的内容主要是：

· 所有修改点是否都已修改到位。

· 图与图之间相关之处是否都已作相应修改（平、立、剖面）。

· 所有修改处是否都标注了修改依据。

· 所有修改依据是否都已手续齐全。

4. 竣工图的签名盖章

竣工图编制后，应将"竣工图"标记章逐页加盖在图纸正面右下角的标题栏上方空白处或适当空白的位置，以达到图纸折叠装订后"标记章"能显露在右下角的目的。

"竣工图"标记章由编制人、技术负责人（审核人）及监理负责人签名或盖章，以示对竣工图编制负责。

5. 建设单位技术负责人或责成有关专业技术人员，对施工单位移交的竣工图应逐张予以复核，把好质量关。

6. 国外引进项目、引进技术或由外方承包的建设项目，外方提供的竣工图应由外方签字确认。

/ 教学关注点

通过本章学习，学生可以了解到室内环境图纸变更的表现与表达内容。了解设计在实际施工阶段产生设计变更的目标要求、表现形式和应对的策略。为了保证施工的顺利进行，保证设计和施工的质量，可能出现调整设计错误，满足现场多变的客观条件而进行的相关设计修改工作。让学生了解相关的内容与应对方法是本章的主要关注内容。

本章的教学关注点如下：
1. 了解室内环境设计变更的目标要求，包括设计变更的内容、提出方法、变更类别、审批程序及指令下达的相关知识，使学生能够学习到实践阶段可能出现的相关问题的解决办法和相关程序，以便日后工作实践中更好地解决类似的问题。

2. 了解室内环境设计变更的表达形式，包括设计变更的签发原则、变更流程、现场签证、办理时效、委托处理和费用结算等相关知识，通过学习使学生能够了解这一阶段的重要性及处理方法。

3. 了解室内环境设计变更的策略，包括处理设计变更应注意到的问题，如何减少设计变更的内容，签证存在的问题与措施，如何加强设计变更和工程签证的管理办法。让学生了解重视并减少不必要的变更，加强现场签证的管理才能有效地降低实施施工阶段的工程造价，保证工程的顺利进行。

/ 训练课题

一、训练课题目的
本章主要内容是针对实际工程项目运作中，该如何满足由甲方或乙方提出的，发生在设计过程中的各种变化和要求而产生的设计调整。通过本章的学习，使学生了解设计变更程序，熟悉设计变更要求。

二、训练课题要求
1. 绘制室内设计变更设计阶段的变更图签和图纸。
2. 要求满足室内设计变更规范要求，达到变更后施工顺利进行的目的。
3. 了解设计变更的程序，整理相关图纸内容，采用适当的表现方式以达到表现目的。

三、训练课题设计表达
1. 根据设计变更规范要求，准备适合的表达形式。
2. 模拟实际环境，了解图纸变更的流程，以便更好地应对实际发生的变更情况。

/ 参阅资料

1.《设计表达》，邵龙、赵晓龙 著，中国建筑工业出版社，2006 年 12 月 1 日出版
2.《环境艺术设计表达》全国高等院校设计艺术类专业创新教育规划教材，朱广宇 著，机械工业出版社，2011 年 3 月 1 日出版
3.《设计手绘表达：思维与表现的互动》，崔笑声 著，中国水利水电出版社，2005 年 3 月 1 日出版
4.《建筑结构设计术语和符号标准（GBT50083—97）》，中华人民共和国国家标准本书编委会编，法律出版社，1998 年 3 月 1 日出版
5.《中华人民共和国工程建设标准强制性条文》：房屋建筑部分（2013 年版）
6.《工程建设标准强制性条文实施导则（房屋建筑部分）》，本书咨询委员会编，中国建筑工业出版社，2004 年 2 月 1 日出版
7.《室内设计资料集》，张绮曼、郑曙旸 著，中国建筑工业出版社，1991 年 6 月 1 日出版
8.《施工项目管理》，金同华 著，机械工业出版社，2006 年 8 月 1 日出版
9.《中华人民共和国国家标准：建设工程项目管理规范（GB/T50326—2006）》，中华人民共和国建设部（编者），中国建筑工业出版社，2006 年 8 月 1 日出版
10.《工程项目管理》普通高等教育十五国家级规划教材，丁士昭 著，中国建筑工业出版社，2006 年 5 月 1 日出版
11.《建设工程合同管理与变更索赔实务（建设工程合同管理实务操作系列）》建设工程合同管理实务操作系列，白均生 著，中国水利水电出版社，2012 年 8 月 1 日出版
12.http://www.nipic.com 昵图网
13.http://wenku.baidu.com 百度文库

从开始的想法到现在辑文成册挺不容易，一路过来，时间已经不短。编者们每一次交流、研讨就像一颗颗沙砾，铺就在我们历经的路上。沙砾上留下了一串串歪歪扭扭的脚印，那是我们记录工作最好的印迹。当回过头来，会看见那些若隐若现的脚印，叙述我们每一次"碰头和交流"的记忆。

我们年龄有差异，可我们路径相似，做设计、管工程、跑材料、跑现场、当教员。当我们年轻的时候，曾为自己是设计人自豪，盲目的自大和无知地不可一世，现在想来还很可笑。当我们从梦中醒来的时候，却发现现实的落差早已将美梦击碎，一晃二十余年，始终在坚守。当我们静下心来，会浮现喧嚣的施工现场，满屋的尘土，刺耳的噪音，安全的不确定性，尊严的丧失等，什么学识已然不知所往。好在这些经历和实践是我们教学过程中最大的财富，值得记忆和留存。

为人师表，对学生负责。我们没有理由不把我们的记录呈现出来，结合思考编写出有价值的教材，重要的是不能重复。虽有实践但苦于不擅总结，编写过程是试图将杂乱不堪的枝条理顺，让"枯木"可以逢春。

今天，教材将要在上海人民美术出版社出版了，有那么点激动。不仅是自己努力编写的书稿能够与大家见面，更是因感受到许多人的帮助而感激。首先感谢出版社的潘毅和霍覃两位编辑，是他们不厌其烦地一次又一次地组织我们编稿，不辞辛苦地一遍又一遍地给我们改稿。其次是大连工业大学艺术设计学院的各位参编老师，他们能够在忙碌的事务中，为教材贡献出许多宝贵时间和教学经验，不断给教材输入一手实践的资料。更要感谢的是大连工业大学环艺专业的同学们，是他们提供了大量素材和教学案例，丰富着教材的内容。还有马荣伟、黄凌曦等同学进行了大量的图片绘制和处理工作，一并感谢他们！

教材不会给我们带来多大的经济效益，希望给可爱的学生们带来点滴的帮助，让他们在专业设计的道路上继续前行。教材记录着我们的心路历程，也会释放我们的教育思想。或许教材中还有几许梦想，那曾是我们一生的理念和期盼。真诚希望得到专家和学者的批评和指导，所有的问题我们会留待下次修正。

公共空间设计系列教材编组
2013年10月

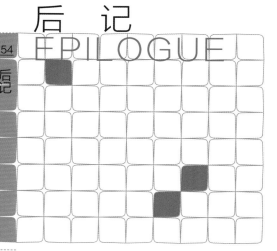

后 记
EPILOGUE

154
后记

编组成员（以姓氏笔画为序）：
于玲 王东玮 王洋 王楠 刘利剑 刘彬 刘育成 刘歆 孙艳梅 李赛飞
邵丹 张长江 张瑞峰 沈诗林 宋一 宋桢 林林 杨静 郝申 周海涛
闻静 顾逊 高铁汉 高榕 高巍 薛刚

图书在版编目（CIP）数据

室内环境表现与表达／顾逊主编；张瑞峰，王楠，高
巍编著．－上海：上海人民美术出版社，2014.4
ISBN 978-7-5322-8786-4

Ⅰ.①室…　Ⅱ.①顾…　②张…　③王…　④高…
Ⅲ.①室内装饰设计　Ⅳ.①TU238

中国版本图书馆CIP数据核字（2013）第262483号

室内环境表现与表达

策　　划：王守平　李　新
主　　编：顾　逊
编　　著：张瑞峰　王　楠　高　巍

责任编辑：潘　毅　霍　覃
版面设计：薛　刚
封面设计：张子健
技术编辑：朱跃良
出版发行：上海人民美术出版社
　　　　　（上海长乐路672弄33号）
　　　　　邮编：200040　电话：021-54044520
网　　址：www.shrmms.com
印　　刷：上海锦佳印刷有限公司
开　　本：700×910　1/12　13印张
版　　次：2014年4月第1版
印　　次：2014年4月第1次
印　　数：0001-3300
书　　号：ISBN 978-7-5322-8786-4
定　　价：58.00元